定期テスト **ズバリ**よくでる 　**数学｜2年**　 日本文教版

JN078045

もくじ

取り外してお使いください 赤シート＋直前チェックBOOK,別冊解答

※全国の定期テストの標準的な出題範囲を示しています。学校の学習進度とあわない場合は、「あなたの学校の出題範囲」欄に出題範囲を書きこんでお使いください。

Step 1　基本チェック　1節 文字式の計算

⏱ 15分

教科書のたしかめ　[ ]に入るものを答えよう!

❶ 単項式と多項式　▶ 教 p.12-13　Step 2 ❶

解答欄

☐ (1) $x^2-3xy+4y^2$ の項は x^2 と $[-3xy]$ と $[4y^2]$

(1)　／

☐ (2) $-5ab^2$ の係数は $[-5]$　また，次数は $[3]$

(2)　／

☐ (3) $4x^2-3x+5$ は $[2]$次式である。

(3)

❷ 同類項　▶ 教 p.14　Step 2 ❷

☐ (4) $6x-3y-4x+2y=6x-[4]x-[3]y+2y$
$=(6-[4])x+([-3]+2)y$
$=[2x-y]$

(4)　／
／

❸ 多項式の加法と減法　▶ 教 p.15-16　Step 2 ❸❹

☐ (5) $(8a+5)+(2a-3)=(8+[2])a+5-3=[10a+2]$

(5)

☐ (6) $(3x^2-4x)-(x^2+2x)=(3-[1])x^2+(-4-2)x$
$=[2x^2-6x]$

(6)

❹ いろいろな多項式の計算　▶ 教 p.17-18　Step 2 ❺❻

☐ (7) $3(6x+8)=3\times[6x]+3\times8=[18x+24]$

(7)

☐ (8) $(9a-6b)\div3=(9a-6b)\times\left[\dfrac{1}{3} \right]=[3a-2b]$

(8)

❺ 単項式の乗法と除法　▶ 教 p.19-21　Step 2 ❼❽

☐ (9) $2a\times(-5b)=2\times([-5])\times a\times b=[-10ab]$

(9)　／

☐ (10) $(-2x)\times(-3x^2)=([-2])\times(-3)\times x\times x^2=[6x^3]$

(10)　／

❻ 式の値　▶ 教 p.22　Step 2 ❾

☐ (11) $x=5$，$y=-2$ のとき，$x+2y$ の値は，
$5+2\times([-2])=[1]$

(11)　／

教科書のまとめ　___ に入るものを答えよう!

☐ 数や文字についての乗法だけでできている式を 単項式 という。

☐ 2つ以上の単項式の和の形で表される式を 多項式 という。

☐ 単項式で，かけ合わされた文字の個数を，その単項式の 次数 という。

☐ 多項式では，各項の次数のうちで最も 大きい ものを，その多項式の次数という。

☐ 次数が2の式を 2次式 という。

☐ 文字の部分がまったく同じである項を 同類項 という。

Step 2 __予想問題__ **1節 文字式の計算**

1ページ
30分

1章

ヒント

【単項式と多項式】

❶ 次の式は単項式，多項式のどちらですか。また，何次式ですか。

☐(1) $3xy$　　　　　☐(2) ab^2+a　　　　　☐(3) $-x^2+x-3$

（　　　　　）　（　　　　　）　（　　　　　）

（　　　　　）　（　　　　　）　（　　　　　）

❶
単項式の次数は，かけ合わされた文字の個数を表し，多項式の次数は，各項の次数のうちで最も大きいものを表す。

【同類項】

❷ 次の式の同類項をまとめなさい。

☐(1) $2a-3b+6b-4a$　　　　　☐(2) $3x^2-2x+5x^2-x$

❷
同類項は，分配法則を使って，1つの項にまとめる。

✕｜ミスに注意
x^2 と x は次数が異なるから，同類項ではない。
$3x^2-2x \to x^2$ などとまとめることはできない。

【多項式の加法】

❸ 次の計算をしなさい。

☐(1) $(4a-2b)+(5a-3b)$　　　　　☐(2) $(3x^2-2x-6)+(4x^2+3x+2)$

☐(3) $(7a^2-5ab-4b^2)+(-a^2+4ab-2b^2)$

☐(4)
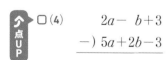
$$\begin{array}{r} -5x^2-2x+6 \\ +)\quad 2x^2-3x-4 \\ \hline \end{array}$$

❸
多項式の加法では，かっこをはずしてから，同類項をまとめる。

【多項式の減法】

❹ 次の計算をしなさい。

☐(1) $(8a-3b)-(2a-9b)$　　　　　☐(2) $(2x^2+3)-(5x^2-2x+6)$

☐(3) $(a^2+2a-3)-(a^2-a+1)$

点UP ☐(4)
$$\begin{array}{r} 2a-\ b+3 \\ -)\ 5a+2b-3 \\ \hline \end{array}$$

❹
多項式の減法では，ひく方の式のすべての項の符号を変えて加える。

✕｜ミスに注意
$-(\bigcirc-\square+\triangle)$
$=-\bigcirc-\square+\triangle$
としない。

【いろいろな多項式の計算①】

❺ 次の計算をしなさい。

☐(1) $4(2a+5b)$　　　　　☐(2) $-3(2x-4y)$

☐(3) $(3a-6b+9)\times\dfrac{1}{3}$　　　　　☐(4) $(-4x+2y-6)\div(-2)$

❺
分配法則を使って，かっこをはずす。

(4)$\div(-2)\to\times\left(-\dfrac{1}{2}\right)$

【いろいろな多項式の計算②】

❻ 次の計算をしなさい。

□(1) $5(a+2b)+4(a-3b)$　　□(2) $2(x-y)+3(x+2y)$

□(3) $2(3a+2b)-(6a+9b)\div 3$　　□(4) $4(5x-2y-1)-3(6x-y-7)$

□(5) $\dfrac{3x+y}{2}+\dfrac{5x-y}{3}$　　□(6) $\dfrac{2a-3b}{4}-\dfrac{3a-2b}{6}$

【単項式の乗法と除法①】

❼ 次の計算をしなさい。

□(1) $5x\times(-4xy)$　　□(2) $(-3a)\times(-a)^2$

□(3) $8xy\div(-2y)$　　□(4) $(-9ab^2)\div(-3ab)$

□(5) $(-15xy^2)\times\left(-\dfrac{1}{3}x\right)$　　□(6) $(-3x^2)\div\dfrac{1}{9}x$

□(7) $(-2a)^2\times\dfrac{1}{4}ab^2$　　□(8) $\dfrac{5}{3}a^2b\div\left(-\dfrac{5}{6}ab\right)$

【単項式の乗法と除法②】

❽ 次の計算をしなさい。

□(1) $4xy^2\times 3xy\div 6x^2y$　　□(2) $2a^2b\div(-10ab)\times(-5b)^2$

【式の値】

❾ $x=-2$，$y=3$ のとき，次の式の値を求めなさい。

□(1) $-8xy\times 3x^2\div 6xy$　　□(2) $2(2x-3y)-3(x-4y)$

（　　　　　　　）　　　　　　　（　　　　　　　）

💡 ヒント

❻
分配法則を使ってかっこをはずし，同類項をまとめる。

(5)(6)通分して，分子の同類項をまとめる。

✕ ミスに注意
分数をふくむ多項式の計算は，分母をはらってはいけない。

❼
同じ文字の積は，累乗の形にまとめる。
除法は，乗法になおしてから計算する。

✕ ミスに注意
$\div\dfrac{1}{9}x\to\times 9x$
としない。

❽
すべてを乗法になおして，分数の形で考えると，計算がしやすくなる。

📋 テスト得ダネ
いろいろな多項式の計算と単項式の乗除は必ず出題されるので，しっかり練習をしておこう。

❾
式を簡単にしてから，文字に値を代入する。

[解答 ▶ p.1]

Step 1	基本チェック

2節 文字式の活用

15分

教科書のたしかめ　[　]に入るものを答えよう！

❶ 文字を使った説明①　▶教 p.24-25　Step 2 ❶

解答欄

□(1)　3の倍数は，[3]×(整数)と表せる。

(1)

□(2)　連続する3つの整数のうち，最も小さい数を n とすると，連続する3つの整数は，n，[$n+1$]，[$n+2$]と表せる。

(2)

□(3)　連続する5つの整数のうち，真ん中の数を n とすると，連続する5つの整数は，[$n-2$]，[$n-1$]，n，[$n+1$]，[$n+2$]と表せる。

(3)

❷ 文字を使った説明②　▶教 p.26-27　Step 2 ❷❸

□(4)　m，n を整数とすると，偶数は[$2m$]，奇数は[$2n+1$]と表せる。

(4)

□(5)　奇数と奇数の和は偶数になることを，文字を使って説明する。

2つの整数 m，n を使って，2つの奇数を $2m+1$，[$2n+1$]と表すと，

(5)

$(2m+1)+([2n+1])=2m+2n+2=[2](m+n+1)$

$m+n+1$ は[整数]だから，[2]$(m+n+1)$ は偶数である。

したがって，奇数と奇数の和は偶数になる。

□(6)　2けたの自然数の十の位の数を x，一の位の数を y とすると，もとの自然数は[$10x+y$]と表せる。

(6)

❸ 等式の変形　▶教 p.28-29　Step 2 ❹❺

□(7)　等式 $x+3y=20$ を，y について解く。

(7)

$x+3y=20$

$3y=20-[x]$ 〉x を移項する。(両辺から x をひく。)

$y=\left[\dfrac{20-x}{3} \right]$ 〉両辺を3でわる。

❹ スタート位置を決めよう　▶教 p.30-31

教科書のまとめ　＿＿に入るものを答えよう！

□<u>文字</u> を使うと，いろいろな数の関係や性質が <u>いつも</u> 成り立つことを説明できる。

□等式 $5x+y=10$ を等式の性質や移項の考えを使って，等式 $x=\dfrac{10-y}{5}$ のような，x を求める式に変形することを，$5x+y=10$ を <u>x について解く</u> という。

Step 2 予想問題 2節 文字式の活用

1ページ
30分

【文字を使った説明①】

❶ カレンダーで縦に並んだ3つの数の平均はどうなるのかを考えます。

次の説明の ☐ にあてはまる ことば，数，式をかき入れなさい。

日	月	火	水	木	金	土
		1	2	3	4	5
6	7	8	9	10	11	12
13	14	15	16	17	18	19
20	21	22	23	24	25	26
27	28	29	30			

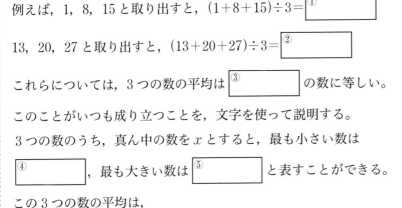

例えば，1，8，15 と取り出すと，$(1+8+15)÷3=$ ①☐

13，20，27 と取り出すと，$(13+20+27)÷3=$ ②☐

これらについては，3つの数の平均は ③☐ の数に等しい。

このことがいつも成り立つことを，文字を使って説明する。

3つの数のうち，真ん中の数を x とすると，最も小さい数は

④☐ ，最も大きい数は ⑤☐ と表すことができる。

この3つの数の平均は，

$($④☐$+x+$⑤☐$)÷3=$⑥☐

したがって，いつも成り立つ。

❶ 縦に並んだ数は，1週間おきの日づけを表す数だから，1段変わるごとに一定の数ずつ大きくなる。
それを用いて3つの数を x を使って表す。

⊗ ミスに注意
何をどんな文字としているかを，きちんと確認する。

【文字を使った説明②】

❷ 2つの異なる奇数の差は偶数になることを，文字を使って説明します。☐ にあてはまることばや式をかき入れなさい。

2つの整数 m，$n(m>n)$ を使って，2つの奇数を，

①☐ ，②☐

と表すと，その差は，

$($①☐$)-($②☐$)=2($③☐$)$

③☐ は ④☐ だから，$2($③☐$)$ は偶数である。

したがって，2つの異なる奇数の差は偶数になる。

❷ 偶数は，
2×(整数)
奇数は，
2×(整数)+1
と表せる。

テスト得ダネ
説明する問題はよく出題される。
分配法則の
$ax+ay=a(x+y)$
を使って，説明できるようにしておこう。

[解答 ▶ p.2]

【2けたの自然数の性質】

❸ 一の位の数が5である2けたの自然数から，その数の十の位の数より1小さい数をひくと，ある自然数でわり切れます。どんな自然数でわり切れるかを調べて，そのことを文字を使って説明します。次の問いに答えなさい。

□(1) 1以外のどんな自然数でわり切れるか予想しなさい。

（　　　　　　　　）

□(2) (1)で予想したことがいつも成り立つことを，次のように説明します。￣￣にあてはまる数や式をかき入れなさい。

> 一の位の数が5である2けたの自然数の十の位の数を x とすると，
>
> この2けたの自然数は ① ￣￣ と表すことができる。
>
> もとの自然数から，その数の十の位の数よりも1小さい数をひくと，
>
> (① ￣￣)−(② ￣￣)= ③ (④ ￣￣)
>
> ④ ￣￣ は自然数だから， ③ ￣￣ でわり切れる。

ヒント

❸
$15-(1-1)$,
$25-(2-1)$,
$35-(3-1)$
などと調べて，予想する。

❌ ミスに注意
十の位の数が a，一の位の数が b の2けたの自然数を，ab や $a+b$ と表してはいけない。
$10a+b$ と表す。

【等式の変形①】

❹ 次の等式を，〔　〕の中の文字について解きなさい。

□(1)　$x+2y=70$　〔y〕

（　　　　　　　　）

□(2)　$\ell=2(1-r)$　〔r〕

（　　　　　　　　）

□(3)　$d=\dfrac{a+b+c}{4}$　〔c〕

（　　　　　　　　）

点UP □(4)　$\dfrac{x}{2}+\dfrac{y}{3}=1$　〔y〕

（　　　　　　　　）

❹
〔　〕の中の文字だけが左辺に残るように，1つ1つ順序よく変形していく。

📄 テスト得ダネ
等式の変形は，これから後もいろいろな問題を解くときに必要となる。しっかり練習しておこう。

【等式の変形②】

❺ 右の図のような，底面の半径が r，高さが h の円錐があります。この円錐の体積を V とするとき，高さ h を求めるのに便利な等式をつくりなさい。また，$V=84\pi$，$r=6$ であるときの h の値を求めなさい。

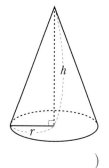

❺
円錐の体積は，
$\dfrac{1}{3}×(底面積)×(高さ)$
で求められる。

（　　　　　　　）（　　　　　　　）

Step 3 予想テスト | **1章 式の計算**

30分　目標 80点

❶ 次の式は単項式，多項式のどちらですか。また，何次式ですか。知　　12点(各3点，各完答)

□(1) $x+1$　　　□(2) $-a^3b$　　　□(3) $abc-8c^2$　　　□(4) x^2+5x-4

❷ 次の計算をしなさい。知　　24点(各3点)

□(1) $3a+5b-4a+b$

□(2) $x^2-2x-7x^2+3x$

□(3) $(5x-3y)+(x-y)$

□(4) $6(a-b)-(a+2b)$

□(5) $\dfrac{x+8y}{3}+\dfrac{4x-5y}{2}$

□(6) $\dfrac{2a+b}{6}-\dfrac{3a-b}{8}$

□(7) $(-3a^2b)\times(7ab)\div(-a^2)$

□(8) $6xy^2\div\dfrac{4}{3}xy\div\dfrac{1}{2}y$

❸ $x=\dfrac{1}{3}$，$y=-4$ のとき，次の式の値を求めなさい。知　　16点(各4点)

□(1) $6xy$

□(2) $\dfrac{y}{12}+x^2$

□(3) $4(7x+y)-5(5x-y)$

□(4) $3xy^2\div2xy\times(-6x)$

❹ 連続する3つの偶数の和は，いつも1より大きいある自然数でわり切れます。このことについて，次の問いに答えなさい。考　　8点((1)2点完答，(2)6点完答)

□(1) 整数 m を使って，3つの偶数の最も小さい偶数を $2m$ と表すとき，残りの2つの偶数はどのように表されますか。

□(2) 1以外のどんな自然数でわり切れるか予想して，それがいつも成り立つことを，(1)の m を使って説明しなさい。

❺ 次の等式を，〔　〕の中の文字について解きなさい。知　　20点(各4点)

□(1) $a+2b=8$ 〔b〕

□(2) $3y+4=2x$ 〔y〕

□(3) $7(x+y)=z$ 〔y〕

□(4) $S=\dfrac{1}{2}(a+b)h$ 〔b〕

□(5) $\dfrac{x}{3}-\dfrac{z}{4}=\dfrac{y}{6}$ 〔z〕

6 一の位の数が 0 でない 3 けたの自然数と，その数の百の位の数と一の位の数を入れかえてできた数の差は，3 より大きい 1 けたの自然数の倍数になります。このことについて，次の問いに答えなさい。**考**

20点 (1) 8点，(2) 12点

□(1) 具体的な数でいろいろ試して，どんな 1 けたの自然数の倍数になるかを予想しなさい。

□(2) 予想したことがいつも成り立つことを，文字を使って説明しなさい。

❶	(1)			(2)		
	(3)			(4)		

❷	(1)		(2)		(3)	
	(4)		(5)		(6)	
	(7)		(8)			

❸	(1)		(2)		(3)		(4)	

❹ (1)　　　　　　　　と

　　　[予想]

　　　[説明]

(2)

❺	(1)		(2)	
	(3)		(4)	
	(5)			

❻

(1)

(2)

Step 1 基本チェック ： 1節 連立方程式

15分

教科書のたしかめ　[ ]に入るものを答えよう！

❶ 連立方程式とその解　▶ 教 p.38-39　Step 2 ❶❷

解答欄

□(1)　2元1次方程式 $x-2y=1$ の解であるものは○，解でないものは ×をつけると，$\begin{cases} x=1 \\ y=0 \end{cases}$ は[○]，$\begin{cases} x=2 \\ y=1 \end{cases}$ は[×]，$\begin{cases} x=3 \\ y=1 \end{cases}$ は[○]

(1)＿＿＿＿＿＿
＿＿＿＿＿＿

□(2)　連立方程式 $\begin{cases} x-y=6 \\ x+y=0 \end{cases}$ の解であるものは○，解でないものは×
をつけると，$\begin{cases} x=7 \\ y=1 \end{cases}$ は[×]，$\begin{cases} x=3 \\ y=3 \end{cases}$ は[×]，$\begin{cases} x=3 \\ y=-3 \end{cases}$ は[○]

(2)＿＿＿＿＿＿
＿＿＿＿＿＿

❷ 連立方程式の解き方　▶ 教 p.40-41　Step 2 ❸❹

❸ 加減法　▶ 教 p.42-43　Step 2 ❹

□(3)　連立方程式 $\begin{cases} 3x+2y=1 \cdots① \\ 7x+y=-5\cdots② \end{cases}$ を解く。①−②×[2]で[y]を

消去して，

$-11x=11,\ x=-1$　$x=-1$ を①に代入すると，$y=[\ 2\ ]$

(3)＿＿＿＿＿＿
＿＿＿＿＿＿
＿＿＿＿＿＿

❹ 代入法　▶ 教 p.44-45　Step 2 ❺

□(4)　連立方程式 $\begin{cases} x-y=8 \cdots① \\ y=2x-1\cdots② \end{cases}$ を解く。②を①に代入すると，

$x-([\ 2x-1\ ])=8,\ x=[\ -7\ ]$

x の値を②に代入すると，$y=[\ -15\ ]$

(4)＿＿＿＿＿＿
＿＿＿＿＿＿
＿＿＿＿＿＿

❺ いろいろな連立方程式　▶ 教 p.46-47　Step 2 ❻

教科書のまとめ　＿＿に入るものを答えよう！

□ 2つの文字をふくむ1次方程式を 2元1次方程式 といい，これを成り立たせる文字の値の組を，その方程式の 解 という。

□ 2つ以上の方程式を組にしたものを 連立方程式 といい，それらのすべての方程式を同時に成り立たせる文字の値の組を，その連立方程式の 解 ，これを求めることを，連立方程式を 解く という。

□ 連立方程式の解き方(1)…1つの文字の係数の絶対値をそろえてから，左辺どうし，右辺どうしをたすかひくかして，その文字を消去して解く方法を 加減法 という。

□ 連立方程式の解き方(2)…代入によって1つの文字を消去して解く方法を 代入法 という。

Step 2　予想問題　：　1節 連立方程式

1ページ
30分

【連立方程式とその解①】

❶ 次の値の組のうち，2元1次方程式 $3x-y=10$ の解であるものをすべて選びなさい。

$⑦ \begin{cases} x=3 \\ y=1 \end{cases}$ 　$④ \begin{cases} x=3 \\ y=-1 \end{cases}$ 　$⑨ \begin{cases} x=-\dfrac{10}{3} \\ y=-20 \end{cases}$ 　$㋑ \begin{cases} x=0 \\ y=10 \end{cases}$

（　　　　　　　）

【連立方程式とその解②】

❷ 次の⑦〜㋑の中から，連立方程式 $\begin{cases} x+y=13 \\ 3x-2y=19 \end{cases}$ の解であるものを選びなさい。

$⑦ \begin{cases} x=8 \\ y=-5 \end{cases}$ 　$④ \begin{cases} x=-1 \\ y=14 \end{cases}$ 　$⑨ \begin{cases} x=13 \\ y=0 \end{cases}$ 　$㋑ \begin{cases} x=9 \\ y=4 \end{cases}$

（　　　　　　　）

【連立方程式の解き方①】

❸ 連立方程式 $\begin{cases} 5x-3y=6 \\ 5x+3y=24 \end{cases}$ について，次の問いに答えなさい。

(1)　⑦　連立方程式から y を消去する方法を説明しなさい。

（　　　　　　　　　　　　　　　　）

　　④　y を消去した式をかきなさい。

（　　　　　　　）

(2)　⑦　連立方程式から x を消去する方法を説明しなさい。

（　　　　　　　　　　　　　　　　）

　　④　x を消去した式をかきなさい。

（　　　　　　　）

(3)　連立方程式を解きなさい。

$\left(\begin{cases} \\ \end{cases} \right.$　　　　　）

ヒント

❶
それぞれの値をあてはめて，
　（左辺）＝（右辺）
となる組が解。
2元1次方程式の解は1組だけではない。

❷
連立方程式の2つの2元1次方程式を同時に成り立たせる x, y の値の組を選ぶ。

❸
2つの2元1次方程式から1つの文字を消去して，1元1次方程式を導いて解く。

(1)　　$A=B$
　$+)$　$C=D$
　$\overline{A+C=B+D}$
を使う。
　$-3y$ と $3y$ をたせば y を消去できることに目をつける。

(2)　　$A=B$
　$-)$　$C=D$
　$\overline{A-C=B-D}$
を使う。

✖ ミスに注意

もとの連立方程式の x, y に解を代入して，答えの確かめをする。

【連立方程式の解き方②，加減法】

❹ 次の連立方程式を解きなさい。

□(1) $\begin{cases} 3x+y=3 \\ 2x-y=12 \end{cases}$ □(2) $\begin{cases} x+4y=13 \\ x+3y=10 \end{cases}$

□(3) $\begin{cases} 2x+3y=7 \\ 6x-5y=-21 \end{cases}$ □(4) $\begin{cases} 3x+y=10 \\ 5x-2y=24 \end{cases}$

□(5) $\begin{cases} 3x+4y=31 \\ 5x-6y=1 \end{cases}$ □(6) $\begin{cases} 3x-4y=1 \\ -4x+5y=-2 \end{cases}$

【代入法】

❺ 次の連立方程式を解きなさい。

□(1) $\begin{cases} y=x+3 \\ 2x-y=2 \end{cases}$ □(2) $\begin{cases} y=3x-2 \\ 11x-5y=-2 \end{cases}$

【いろいろな連立方程式】

❻ 次の連立方程式や方程式を解きなさい。

□(1) $\begin{cases} x-2(x-y)=-11 \\ 3x+2y=17 \end{cases}$ □(2) $\begin{cases} 0.5x+0.1y=1.3 \\ 2x-y=1 \end{cases}$

□(3) $\begin{cases} \dfrac{x}{3}+\dfrac{y}{2}=6 \\ 4x-5y=6 \end{cases}$ □(4) $\begin{cases} 2x-y=2 \\ \dfrac{x}{4}-\dfrac{y}{3}=-1 \end{cases}$

□(5) $\begin{cases} \dfrac{x}{9}+\dfrac{y}{6}=1 \\ x+y=7 \end{cases}$ □(6) $\begin{cases} 5x+3y=-1 \\ \dfrac{1}{2}x-\dfrac{y}{7}=3 \end{cases}$

□(7) $3x+5y=x+2y=1$ □(8) $x-y=3x+y+2=-4x-5y$

💡ヒント

❹
係数の値や符号から，消去しやすい文字を決める。

⊗|ミスに注意
左辺を何倍かしたら，右辺も同じようにすることを忘れないようにする。

📋テスト得ダネ
加減法は，連立方程式を解く方法としてよく出題される。しっかり練習しておこう。

❺
⊗|ミスに注意
文字に多項式を代入するときは，（　）をつけて代入する。

❻
係数に小数や分数があるときは，先に式の両辺に適当な数をかけて，係数を整数にしてから解く。
(7)(8)$A=B=C$
は，次のどれかの形になおして解く。
$\begin{cases} A=B \\ A=C \end{cases}$
$\begin{cases} A=B \\ B=C \end{cases}$
$\begin{cases} A=C \\ B=C \end{cases}$

Step 1 基本チェック : 2節 連立方程式の活用 ⏱15分

教科書のたしかめ 　[　]に入るものを答えよう！

❶ 連立方程式の活用　▶教 p.50-51　Step 2 ❶❷

解答欄

□(1)　問題「1個90円のりんごと1個40円のみかんを合わせて20個
　　　買ったところ，代金が1200円でした。りんごとみかんの個数を
　　　求めなさい。」

　　　解　りんごをx個，みかんをy個買ったとすると，
　　個数については，[$x+y$]＝20…①
　　代金については，[$90x+40y$]＝1200…②
　　①，②を連立方程式として解くと，$x＝$[8]，$y＝$[12]
　　りんごを[8]個，みかんを[12]個とすると，問題にあう。
　　　　　　　　　　　答　りんご[8]個，みかん[12]個

(1)

❷ 速さの問題　▶教 p.52-53　Step 2 ❸❹

□(2)　問題「15kmの道のりを，はじめは時速6km，残りは時速4km
　　　で歩いたら，ちょうど3時間かかりました。時速6kmと時速
　　　4kmで歩いた道のりをそれぞれ求めなさい。」

　　　解　時速6kmで歩いた道のりを$x$km，時速4kmで歩いた道
　　のりを$y$kmとすると，
　　道のりについては，[$x+y$]＝15…①
　　時間については，$\left[\dfrac{x}{6}+\dfrac{y}{4} \right]＝3…②$
　　①，②を連立方程式として解くと，$x＝$[9]，$y＝$[6]
　　時速6kmで歩いた道のりを[9]km，時速4kmで歩いた道の
　　りを[6]kmとすると，問題にあう。
　　　　　　　　答　時速6kmで歩いた道のりが[9]km，
　　　　　　　　　　時速4kmで歩いた道のりが[6]km

(2)

❸ 割合の問題　▶教 p.54-55　Step 2 ❺

教科書のまとめ 　___に入るものを答えよう！

□連立方程式を使って問題を解く手順
　[1]　どの数量を文字を使って表すか決める。
　[2]　問題にふくまれる数量の 関係 を調べ，2つの方程式をつくる。
　[3]　2つの方程式を，連立方程式として解く。
　[4]　連立方程式の解が， 問題にあう かどうかを確かめる。

Step 2 予想問題 ● 2節 連立方程式の活用

1ページ
30分

【連立方程式の活用①】

❶ ある美術館の入館料は，大人4人と中学生6人では4100円，大人7人と中学生5人では5250円でした。次の問いに答えなさい。

□(1) 大人1人の入館料を x 円，中学生1人の入館料を y 円として，x，y を使った連立方程式をつくりなさい。

$$\left\{ \right.$$

□(2) 方程式を解いて，大人1人と中学生1人の入館料を，それぞれ求めなさい。

大人1人（　　　　　　）　中学生1人（　　　　　　）

【連立方程式の活用②】

❷ さんまとツナの缶づめがあり，各1個の重さと値段は右の表の通りです。このさんまとツナの缶づめを買って，全体の重さを 860 g，代金を 620 円にす

	さんま	ツナ
重さ(g)	120	100
値段(円)	90	70

るには，それぞれの缶づめを何個ずつ買えばよいかを求めます。次の問いに答えなさい。

□(1) さんまの缶づめを x 個，ツナの缶づめを y 個買うとして，x，y を使った連立方程式をつくりなさい。

$$\left\{ \right.$$

□(2) 方程式を解いて，さんまとツナの缶づめの個数を，それぞれ求めなさい。

さんま（　　　　　　）　ツナ（　　　　　　）

ヒント

❶

(1) x，y の表すものをきちんと確認して，方程式をつくる。

(2) 解いて得られた解が，問題にあうかどうかを，必ず確かめる。

❌ ミスに注意

x，y を使って，数量の関係を表に整理するとわかりやすい。

❷

(1) 重さについてと，代金についての2つの方程式を，x，y を使ってつくる。

(2) つくった方程式の両辺を適当な数でわって，係数を簡単にできるときには，簡単にしてから解くと計算が楽になる。

[解答 ▶ p.6]

【速さの問題①】

❸ ある列車が，780 m の鉄橋をわたり始めてからわたり終わるまでに 40 秒かかり，1280 m のトンネルにはいり始めてから出てしまうまでに 1 分かかりました。次の問いに答えなさい。

□(1)　この列車の長さを x m，走る速さを秒速 y m として連立方程式をつくりなさい。

$$\left\{\begin{array}{l} \\ \end{array}\right.$$

□(2)　方程式を解いて，列車の長さと秒速をそれぞれ求めなさい。

列車の長さ（　　　　　　）秒速（　　　　　　）

❸

わたり始めてからわたり終わるまでに列車が進む道のりは，
(列車の長さ)
＋(鉄橋の長さ)
トンネルの場合も同じように考える。

📄 テスト得ダネ

道のり・速さ・時間に関する問題は，問題文の内容を図に表すと数量の関係がとらえやすい。

【速さの問題②】

❹ C 町を通って，A 町から 9 km 離れた B 町へ行くのに，A 町から C 町までを時速 4 km で，C 町から B 町までを時速 6 km で歩いたところ，ちょうど 2 時間かかりました。A 町から C 町までと C 町から B 町までの道のりを，それぞれ求めなさい。

A 町から C 町まで（　　　　　　）
C 町から B 町まで（　　　　　　）

❹

問題にふくまれる数量の関係を図に整理すると，式がつくりやすくなる。

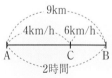

$\left(\begin{array}{l}\text{時速 4 km を 4 km/h}\\ \text{と表す。}\end{array}\right)$

【割合の問題】

❺ ある中学校の昨年の生徒数は 300 人でした。今年の生徒数は昨年より男子が 10 %，女子が 5 % 増えたので，全体では 7 % 増えました。次の問いに答えなさい。

□(1)　昨年の男子の生徒数を x 人，女子の生徒数を y 人として連立方程式をつくりなさい。

$$\left\{\begin{array}{l} \\ \end{array}\right.$$

□(2)　今年の男子，女子の生徒数をそれぞれ求めなさい。

男子（　　　　　　）女子（　　　　　　）

❺

昨年の人数を文字で表していることに注目する。求めるもの以外を文字で表した方が求めやすいこともある。

❌ ミスに注意

a が 3 % 増加した量は，

$$a \times \left(1 + \frac{3}{100}\right)$$
$$= \frac{103}{100}a$$

となる。

Step 3 予想テスト : 2章 連立方程式

30分 /100点 目標80点

❶ 次の表は，2元1次方程式 $2x+y=15$ の解を表にしたものです。**知** 10点((1)各1点，(2)4点完答)

x	⑦	-5	⑰		0	3	㋐		9
y	41	⑦	19		15	㋒	1		㋕

- □(1) 上の表の⑦〜㋕にあてはまる値を求めなさい。

- □(2) 上の値の組の中に，連立方程式 $\begin{cases} 2x+y=15 \\ x+2y=9 \end{cases}$ の解があります。その解を答えなさい。
  また，それが解である理由を，連立方程式を解かないで説明しなさい。

❷ 次の連立方程式や方程式を解きなさい。**知** 54点(各6点)

- □(1) $\begin{cases} 2x+3y=3 \\ 3x-2y=11 \end{cases}$

- □(2) $\begin{cases} -3x-2y=2 \\ y=2x+13 \end{cases}$

- □(3) $\begin{cases} 4x+3=-2x+y \\ 8x+7=4x-y \end{cases}$

- □(4) $\begin{cases} 3x-2y=2x+11 \\ 2(x-2y)+3y=13 \end{cases}$

- □(5) $\begin{cases} 2x-3y=-12 \\ 0.3x+0.1y=-2.9 \end{cases}$

- □(6) $\begin{cases} 0.02x+0.05y=0.18 \\ 0.6x=1-0.4y \end{cases}$

- □(7) $\begin{cases} \dfrac{x}{3}-\dfrac{y}{6}=\dfrac{1}{2} \\ \dfrac{x}{2}-\dfrac{y}{5}=1 \end{cases}$

- □(8) $\begin{cases} 0.5x+0.2y=13 \\ \dfrac{x}{5}-\dfrac{2}{3}y=-6 \end{cases}$

- □(9) $x+2y-1=2x+4y=-x+3y+2$

❸ 鉛筆5本とボールペン8本の代金は，鉛筆10本とボールペン4本の代金と等しく，1800円
□ です。鉛筆1本とボールペン1本の値段を，それぞれ求めなさい。**考**
8点

4 1600 m 離れた学校へ行くのに，はじめは分速 50 m で歩いていましたが，途中から速さを
分速 60 m にしたところ，出発してからちょうど 30 分後に学校に着きました。
分速 50 m で歩いた道のりと，分速 60 m で歩いた道のりを求めなさい。**考**　　8点

5 毎年 1 回行われる行事があります。今年の参加者は 380 人でした。これは昨年に比べて，
男子は 20 % 減り，女子は 10 % 増えたことになり，全体では 20 人減りました。
今年の男子と女子の参加者数を求めなさい。**考**　　12点

6 連立方程式 $\begin{cases} ax+by=6 \\ bx+ay=3 \end{cases}$ の解が $\begin{cases} x=4 \\ y=5 \end{cases}$ であるとき，係数 a，b の値を求めなさい。**考**　8点

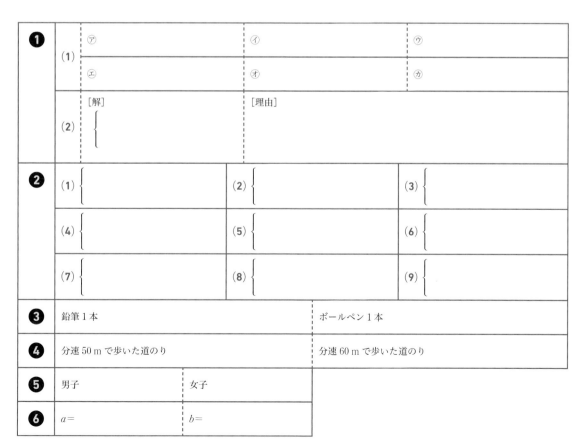

Step 1 基本チェック ： 1節 1次関数

⏱ 15分

教科書のたしかめ　[ ]に入るものを答えよう！

❶ 1次関数　▶教 p.62-63　Step 2 ❶

解答欄

☐(1)　次の式で，y が x の1次関数であるものは[④]と[㋑]である。

　　㋐　$y=\dfrac{4}{x}$　　④　$y=3x$　　㋒　$y=x^2+1$　　㋑　$y=-2x+3$

(1) _____

❷ 変化の割合　▶教 p.64-66　Step 2 ❷

☐(2)　1次関数 $y=3x+2$ について，x の値が0から3まで増加するとき，
　　　x の増加量は[3]，y の増加量は[9]で，変化の割合は[3]。

(2) _____

❸ 1次関数のグラフ　▶教 p.67-68　Step 2 ❸

☐(3)　1次関数 $y=3x+2$ のグラフは，$y=3x$ のグラフを，[y 軸]の
　　　正の方向に[2]だけ[平行]移動した直線である。

(3) _____

❹ 1次関数のグラフの特徴　▶教 p.69-71　Step 2 ❹

☐(4)　1次関数 $y=ax+b$ のグラフは，
　　　$a>0$ のときは[右上がり]の直線，
　　　$a<0$ のときは[右下がり]の直線となる。

(4) _____

❺ 1次関数のグラフのかき方　▶教 p.72-73　Step 2 ❺

☐(5)　$y=2x-3$ のグラフのかき方
　　　・切片が[-3]だから，点 $(0,$ [-3]$)$ を通る。
　　　・傾きが[2]だから，右へ1進むと，[上]へ2進む。

(5) _____

❻ 1次関数の式の求め方　▶教 p.74-76　Step 2 ❻❼

教科書のまとめ　___に入るものを答えよう！

☐ y が x の関数で，y が x の1次式で表されるとき，y は x の 1次関数 であるという。
　　一般に，1次関数は，$y=ax+b$ で表される。

☐ 1次関数 $y=ax+b$ は，y が x に比例する項 ax と定数項 b の和の形になっていて，特に，
　　定数 $b=0$ のとき，$y=ax$ となり，y は x に 比例 する。

☐ x の増加量に対する y の増加量の割合を，変化の割合 という。1次関数 $y=ax+b$ の変化の

　　割合は 一定 で，その値は x の係数 a に等しい。（変化の割合）$=\dfrac{（y\,の増加量）}{（x\,の増加量）}=a$

☐ 1次関数 $y=ax+b$ のグラフで，b を y 軸上の 切片，a を 傾き という。

Step 2 予想問題 ： 1節 1次関数

1ページ
30分

【1次関数】

❶ 次の数量の関係について，y を x の式で表しなさい。また，y が x の1次関数であるかどうかを答えなさい。

□(1) 面積 40 cm² の長方形の縦の長さ x cm と横の長さ y cm

( ) ( )

□(2) 1 L の水がはいった水そうに，1秒間に 1 dL ずつ x 秒間水を入れたときの水そう内の水の量 y L

( ) ( )

□(3) 時速 4 km で x 分間進んだときの道のり y km

( ) ( )

ヒント

❶

$y=ax+b$ の形になるかを調べる。

❌ ミスに注意

必ず単位をそろえて式に表す。

1 L＝10 dL

x 分＝$\dfrac{x}{60}$ 時間

となる。

3章

【変化の割合】

よく出る

❷ 次の1次関数の変化の割合を答えなさい。

□(1) $y=4x-7$ □(2) $y=-3x+4$ □(3) $y=\dfrac{5}{6}x$

( )   ( )   ( )

❷

1次関数の変化の割合は一定で，その値は，1次関数の式の中に示されている。

【1次関数のグラフ】

❸ 次の関数のグラフをかきなさい。

□

① $y=x$

② $y=x+3$

③ $y=x-2$

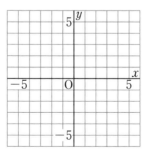

❸

$y=ax+b$ のグラフは，$y=ax$ のグラフを，y 軸の正の方向に b だけ平行移動した直線である。

【1次関数のグラフの特徴】

よく出る

❹ 次の1次関数のグラフの傾きと切片を答えなさい。

□(1) $y=3x+4$ □(2) $y=-x-2$ □(3) $y=x$

傾き( )   傾き( )   傾き( )

切片( )   切片( )   切片( )

❹

$y=ax+b$ のグラフでは，a が傾き，b が切片である。

❌ ミスに注意

$y=3x+4$ の傾きは x の係数を答える。

【1次関数のグラフのかき方】

5 次の1次関数のグラフをかきなさい。

① $y=-2x+4$

② $y=\dfrac{1}{3}x-1$

③ $y=-\dfrac{1}{2}x+3$

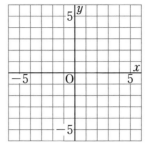

💡ヒント

5

切片から y 軸との交点を求め、そこから、傾きを使って、わかりやすい点をとっていく。
1次関数のグラフは直線である。

【1次関数の式の求め方①】

6 右の図の直線①〜③の式を求めなさい。

① (　　　　　　　)

② (　　　　　　　)

③ (　　　　　　　)

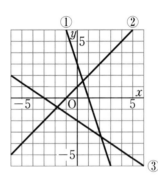

6

グラフから傾きと切片を読み取る。傾き a,
切片 b の1次関数は、
$y=ax+b$
右上がりのグラフは
$a>0$
右下がりのグラフは
$a<0$

【1次関数の式の求め方②】

7 次の条件を満たす1次関数の式を求めなさい。

(1) $x=2$ のとき $y=0$ で、変化の割合が -3 である。

(　　　　　　　)

(2) x の値が3増えると y の値が3増え、点 $(1,\ -1)$ を通る。

(　　　　　　　)

(3) 点 $(2,\ 3)$ を通り、切片が -3 である。

(　　　　　　　)

(4) 2点 $(-2,\ 9)$, $(2,\ 1)$ を通る。

(　　　　　　　)

7

求める1次関数の式を $y=ax+b$ として、条件から a と b の値を求める。

📋テスト得ダネ
1次関数の式を求める問題は必ず出るので、解法のコツをマスターしよう。

(4) 2点の座標から
$\dfrac{(y\text{の増加量})}{(x\text{の増加量})}$ を求めると、その値が傾きになる。

Step 1 基本チェック ‖ 2 節 1 次方程式と 1 次関数

15分

教科書のたしかめ　　[ ]に入るものを答えよう！

❶ 2 元 1 次方程式のグラフ　▶教 p.78-80　Step 2 ❶❷

解答欄

□(1)　2 元 1 次方程式 $2x-y=1$ を成り立たせる x, y の値の組を表に表すと，

x	…	-3	-2	-1	0	1	2	3	…
y	…	-7	$[-5]$	-3	$[-1]$	1	$[3]$	5	…

(1)

これらの x, y の値の組を座標とする点を座標平面上にとって並べる。これらはすべて，$2x-y=1$ を y について解いた 1 次関数 $y=[2x-1]$ のグラフ上の点である。つまり，2 元 1 次方程式 $2x-y=1$ のグラフは，1 次関数 $y=[2x-1]$ のグラフになる。

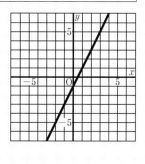

□(2)　$y=3$ のグラフは，y 座標が常に[3]である点の集まり，すなわち，点[$(0,3)$]を通り，x 軸に[平行]な直線になる。

(2)

❷ 連立方程式の解とグラフ　▶教 p.81-82　Step 2 ❸-❻

□(3)　連立方程式 $\begin{cases} 2x-y=1 \\ x+y=5 \end{cases}$ の解は，

[$2x-y=1$]のグラフと[$x+y=5$]のグラフの[交点]の x 座標，y 座標の組である。

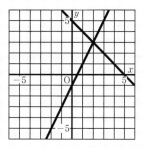

(3)

教科書のまとめ　　＿＿に入るものを答えよう！

□ 2 元 1 次方程式 $ax+by=c$ のグラフは 直線 である。

□ $y=k$ のグラフは，点 $(0,\ \underline{k}\ )$ を通り，$\underline{x 軸}$ に平行な直線である。

□ $x=h$ のグラフは，点 $(\ \underline{h}\ ,\ 0)$ を通り，$\underline{y 軸}$ に平行な直線である。

□ x, y についての連立方程式の解は，それぞれの方程式のグラフの 交点の x 座標, y 座標 の組である。

Step 2 予想問題 ── 2節 1次方程式と1次関数

1ページ
30分

【2元1次方程式のグラフ①】

よく出る

❶ 次の方程式のグラフを，右の図にかきなさい。

□(1)　$2x+y=-1$

□(2)　$x-y=2$

□(3)　$3x+2y=6$

□(4)　$2x-5y=-10$

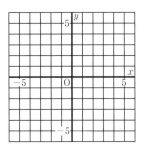

ヒント

❶

$y=ax+b$ の形に変形して，傾き a と切片 b を使ってかく。

❌ ミスに注意

等式の変形は，等式の性質を使って順序立ててする。負の数で両辺をわるときは符号に注意する。

【2元1次方程式のグラフ②】

❷ 次の方程式のグラフを，右の図にかきなさい。

□(1)　$5y=15$

□(2)　$y+2=0$

□(3)　$2x=8$

□(4)　$7x+14=0$

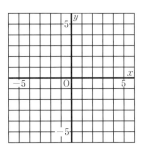

❷

$y=k,\ x=h$ の形にして考える。

【連立方程式の解とグラフ①】

❸ 次の連立方程式の解を，グラフを使って求めなさい。

□(1)　$\begin{cases} y=x+2 \\ y=3x-4 \end{cases}$ $\left(\begin{cases} \\ \end{cases}\right.$　　　　$\left.\right)$

□(2)　$\begin{cases} y=-x-1 \\ y=2x+2 \end{cases}$ $\left(\begin{cases} \\ \end{cases}\right.$　　　　$\left.\right)$

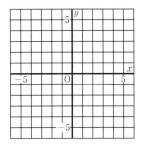

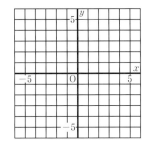

❸

それぞれの方程式のグラフをかいたとき，その交点の座標の組が解になる。

❌ ミスに注意

グラフを正確にかかないと，交点の座標がはっきりしなくて，わからなくなってしまうので注意する。

[解答 ▶ p.10]

【連立方程式の解とグラフ②】

❹ 次の連立方程式の解を，グラフを使って求めなさい。

❹

$y=ax+b$ の形に変形
して，グラフをかく。

☐(1) $\begin{cases} x-y=-5 \\ 3x+y=1 \end{cases}$ $\left(\begin{cases} \\ \end{cases}\right)$

☐(2) $\begin{cases} 2x-3y=12 \\ x+y=1 \end{cases}$ $\left(\begin{cases} \\ \end{cases}\right)$

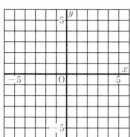
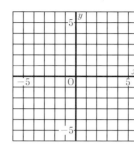

【連立方程式の解とグラフ③】

❺ 次の図で，2直線 ℓ，m の交点の座標をそれぞれ求めなさい。

❺

それぞれの直線の式を
求めて，それらを連立
方程式として解いたと
きの解が，交点の座標
の組である。

テスト得ダネ
直線のグラフの交点
を求める方法は，さ
まざまな場面で必要
となるよ。

☐(1)
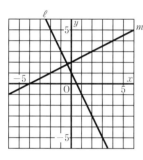

☐(2)
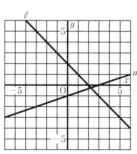

(　　　　　　　)　　　　(　　　　　　　)

【連立方程式の解とグラフ④】

❻ 次の図で，2直線 ℓ，m の交点の座標をそれぞれ求めなさい。

❻

それぞれの直線の傾き
と切片を求める。

☐(1)
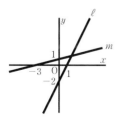

☐(2)
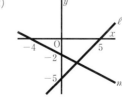

(　　　　　　　)　　　　(　　　　　　　)

Step 1 基本チェック ： 3節 1次関数の活用

15分

教科書のたしかめ　[ ]に入るものを答えよう!

3節 1次関数の活用　▶教 p.84-91　Step 2 ❶-❻

解答欄

□(1) 右の図の四角形 ABCD は長方形である。
点 P が B を出発して，秒速 1 cm で辺
BC 上を 1 回だけ往復する。点 P が B を
出発してから x 秒後の △ABP の面積を
y cm² として，x と y の関係を表に表す。

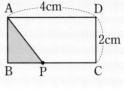

x	0	1	2	3	4	5	6	7	8
y	0	1	[2]	3	4	[3]	2	[1]	0

y の値が最大となるのは，$x=$[4]のときである。

また，y の値が 0 となるのは，$x=0$ のときと，$x=$[8]のとき
である。

x の変域は[$0 \leqq x \leqq 8$]，y の変域は[$0 \leqq y \leqq 4$]

(1)

_____

_____

_____

_____

□(2) 直方体の形をした底面積 30 cm² の水そ
うに，1 分間あたり 120 cm³ の水を入れ
る。右の図は，水を入れ始めてから x 分
後の水の深さを y cm として，x と y の
関係を表したグラフである。

y を x の式で表すと[$y=4x$]

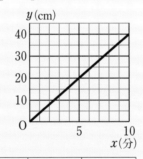

(2)

_____

□(3) 右の表は，ある電話会社の A，B
の 2 つの料金プランである。1 か
月の通話時間を x 分，プランの料
金を y 円として，グラフにかくと，

	1か月の 基本料	1分あたりの 通話料
A プラン	0 円	50 円
B プラン	1000 円	30 円

A プランは直線[$y=50x$]，B プランは直線[$y=30x+1000$]と
なり，2 つのグラフの交点から，2 つのプランの料金が[等しく]
なる通話[時間]と[料金]がわかる。

(3)

_____

_____

_____

_____

教科書のまとめ　___ に入るものを答えよう!

□y が x の関数で，y が x の 1 次式 $y=ax+b$ で表されるとき，身近な数量の関係も 1次関数
のグラフで表すことができる。

Step
2 予想問題 : **3節 1次関数の活用**

3章

【1次関数とみなして考えること】

❶ あるばねに，いろいろな
重さのおもりをつるして，
ばね全体の長さを調べた

おもりの重さ(g)	0	10	20	30	40
ばね全体の長さ(cm)	8	12	16	20	24

ところ，右の表のような結果が得られました。
このばねに，x g のおもりをつるしたときのばね全体の長さを y cm
として，次の問いに答えなさい。

☐(1) この関数のグラフをかきなさい。

☐(2) y を x の式で表しなさい。

( )

☐(3) グラフの傾きはどんな数量を表してい
ますか。( )

☐(4) グラフの切片はどんな数量を表してい
ますか。( )

☐(5) このばねに，あるおもりをつるしたところ，ばね全体の長さが
22 cm になりました。このおもりの重さを求めなさい。

( )

ヒント

❶
(3)傾きは変化の割合と
同じ。
$\dfrac{(y \text{の増加量})}{(x \text{の増加量})}$ の意味
を考える。
(4)切片は $x=0$ のとき，
ここでは，おもりを
つるしていないとき
の状態を表す。

（グラフ領域）
y(cm)

20

10

O   10 20 30 40
x(g)

【表，グラフ，式の活用】

❷ 右の図で，△ABC は ∠B＝90° の直角二等
辺三角形です。点 P が A を出発して，秒速
2 cm で △ABC の辺上を B，C の順に C ま
で動きます。点 P が出発してから x 秒後の
△APC の面積を y cm² として，次の問いに
答えなさい。

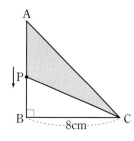

☐(1) x と y の関係を表す式を，x の変域を 2 つに分けて求めなさい。

式( )   変域( )

式( )   変域( )

☐(2) △APC の面積が 24 cm² になるのは，点 P が A を出発してから
何秒後と何秒後ですか。

(と)

❷
点 P が辺 AB 上を動
く場合と，辺 BC 上を
動く場合とで分けて考
える。

❌ ミスに注意

点 P が辺 BC 上にあ
る場合，
PC＝8−2x(cm) に
はならない。
2x cm は A からの
道のりだから，
PC＝(8＋8)−2x(cm)
である。

【身近な数量の関係を表すグラフ①】

❸ 直方体の形をした底面積 $20\,\mathrm{cm}^2$，深さ $60\,\mathrm{cm}$ の水そうに，$300\,\mathrm{cm}^3$ の水がはいっています。この水そうに，1 分間あたり $100\,\mathrm{cm}^3$ の水を入れます。水そうが満水になったら，水を入れるのをやめます。水を入れ始めてから x 分後の水の深さを $y\,\mathrm{cm}$ として，次の問いに答えなさい。

☐(1) y を x の式で表しなさい。また，x の変域を表しなさい。

式（　　　　　　　）　変域（　　　　　　　）

☐(2) x と y の関係を表すグラフをかきなさい。

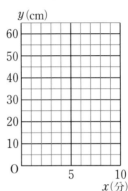

☐(3) 水を入れ始めてから 4 分 12 秒後の水の深さは何 cm ですか。

（　　　　　　　）

☐(4) 水の深さが $26\,\mathrm{cm}$ になるのは，水を入れ始めてから何分何秒後ですか。

（　　　　　　　）

【身近な数量の関係を表すグラフ②】

❹ 家から駅までの道のりは $4\,\mathrm{km}$ です。兄は家から駅へ，妹は駅から家へ向かいました。右の図は，兄が家を出発してから x 分後の，家から兄，妹までの道のりを $y\,\mathrm{km}$ として，x，y の関係をそれぞれグラフに表したものです。次の問いに答えなさい。

☐(1) 兄について，y を x の式で表しなさい。

（　　　　　　　）

☐(2) 妹について，x の変域を分けて，それぞれ y を x の式で表しなさい。

式（　　　　　）　変域（　　　　　）
式（　　　　　）　変域（　　　　　）

☐(3) 兄が出発してから 21 分後，兄と妹は何 m 離れていますか。

（　　　　　　　）

☐(4) 兄と妹が出会うのは，兄が家を出発してから何分後ですか。また，それは駅から何 m 離れた地点ですか。

（　　　　　分後）（　　　　　m）

【身近な数量の関係を表すグラフ③】

❺ 右のグラフは，ろうそくに火をつけてから 20 分間のろうそくの長さの変化を表したものです。時間を x 分，長さを y cm とするとき，次の問いに答えなさい。

□(1) y を x の式で表しなさい。また，x の変域を表しなさい。

式（　　　　　　　　）　変域（　　　　　　　　）

□(2) 火をつけてから 20 分後に火を消して，その 8 分後にまた火をつけて，ろうそくがなくなるまで観察しました。上のグラフにつづきをかき加えて完成させなさい。また，かき加えたグラフを表す式を，x の変域といっしょにかきなさい。

式と変域（　　　　　　　　　　　　　　　　　）

💡ヒント

❺
(2)ふたたび火をつけてからの変化の割合は，同じろうそくなので，はじめに火をつけてからの 20 分間と同じ。

❌|ミスに注意
火を消している間の長さもグラフに表さなくてはならない。

3章

【総費用で比べよう】

❻ 1 か月の電話料金は，

（1 か月の基本使用料）＋（1 分あたりの通話料）×（1 か月の通話時間）

で計算されます。A，B，C の 3 つの電話会社はそれぞれ右の表のように決めています。次の問いに答えなさい。

	1 か月の基本使用料	1 分あたりの通話料
A 社	0 円	55 円
B 社	1800 円	30 円
C 社	4500 円	0 円

□(1) 1 か月の通話時間を x 分，電話料金を y 円として，3 つの会社それぞれについて，x と y の関係を表すグラフをかきなさい。

□(2) 次の場合の通話時間を，それぞれ求めなさい。

① A 社と B 社の電話料金が同額になる。（　　　　　　）

② B 社と C 社の電話料金が同額になる。（　　　　　　）

□(3) 次の場合の x の値の範囲を，不等号を使ってかきなさい。

① C 社の電話料金だけがいちばん安くなる。（　　　　　　）

② 1 か月の電話料金が，安い順に B 社，A 社，C 社となる。

（　　　　　　　　）

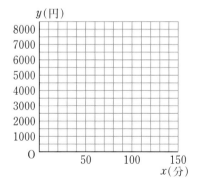

❻
通話時間が 50 分，100 分，150 分など，計算しやすい値を使って，3 社の電話料金を計算してみると，3 つのグラフの関係がつかみやすくなる。
(3)(1)でかいた 3 つのグラフを見て，条件にあてはまる範囲を考える。

Step 3 予想テスト : **3章 1次関数**

⏱ 30分 ／100点 目標 80点

❶ 次の①～⑥で，y が x の1次関数であるものをすべて選び，番号で答えなさい。**知** 5点(完答)

① $y=2x^2+1$ 　　② $y=-5x+3$ 　　③ $y=\dfrac{1}{7}x$

④ $y=\dfrac{6}{x}$ 　　⑤ $x=y+1$ 　　⑥ $y=2-7x$

❷ 次の①～④の1次関数は，右の図のどのグラフを表しているか，記号で答えなさい。**知** 16点(各4点)

① $y=2x-3$ 　　② $y=-x+4$

③ $y=\dfrac{3}{4}x-3$ 　　④ $y=-\dfrac{3}{2}x+4$

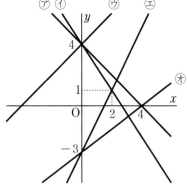

❸ グラフが次の条件を満たす1次関数の式を求めなさい。**知** 20点(各5点)

☐(1) 傾きが $-\dfrac{3}{4}$ で，点 $(0,\ 3)$ を通る。 　　☐(2) 切片が6で，点 $(-3,\ -3)$ を通る。

☐(3) 2点 $(-4,\ 1)$，$(4,\ -3)$ を通る。 　　☐(4) $y=\dfrac{1}{5}x$ のグラフに平行で，点 $(5,8)$ を通る。

❹ 次の連立方程式の解を，解答欄の図にグラフをかいて求めなさい。**知**

18点(グラフ各5点，解各1点)

☐(1) $\begin{cases} y=\dfrac{1}{4}x-3 \\ 3x+4y=4 \end{cases}$ 　　☐(2) $\begin{cases} \dfrac{x}{4}+\dfrac{y}{3}=\dfrac{1}{3} \\ 5x-4y=-4 \end{cases}$ 　　☐(3) $\begin{cases} x=\dfrac{4}{5}y-\dfrac{4}{5} \\ x-4y=12 \end{cases}$

❺ 右の図で，次の交点の座標を求めなさい。**知**

20点((1)(2)各4点，(3)(4)各6点)

☐(1) 直線③と直線④の交点

☐(2) 直線①と直線④の交点

☐(3) 直線①と直線②の交点

☐(4) 直線②と直線③の交点

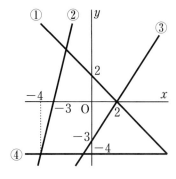

6 右の図の正方形で，点 P が A を出発して，秒速 1 cm でこの正方形の辺上を B，C，D の順に D まで動きます。点 P が A を出発してから x 秒後の △APD の面積を y cm² として，次の問いに答えなさい。**考**　21点((1)各3点，(2)(3)各6点)

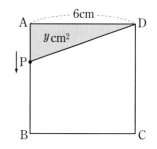

□(1) 点 P が辺 AB 上，BC 上，CD 上にある各場合について，y を x の式で表し，x の変域も表しなさい。

□(2) (1)で求めた関数のグラフを，解答欄の図にかきなさい。

□(3) △APD の面積が正方形 ABCD の面積の $\dfrac{5}{12}$ になるのは何秒後ですか。すべて答えなさい。

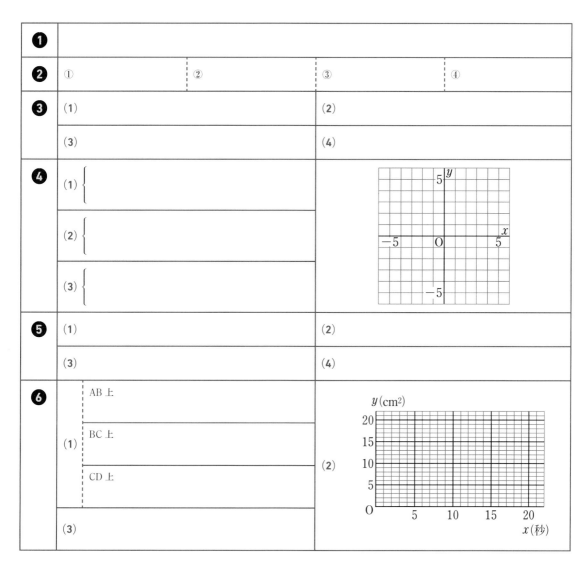

Step 1 基本チェック ： 1節 角と平行線

⏱ 15分

教科書のたしかめ [ ]に入るものを答えよう！

❶ 直線と角 ▶ 教 p.98-99 Step 2 ❶

解答欄

❷ 平行線の性質 ▶ 教 p.100-101 Step 2 ❶

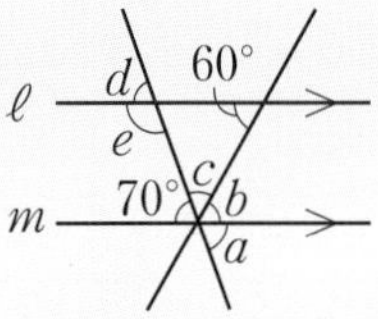

□(1) 右の図で, ℓ / m のとき, $\angle a=[\,70\,]°$,
$\angle b=[\,60\,]°$, $\angle c=[\,50\,]°$,
$\angle d=[\,70\,]°$, $\angle e=[\,110\,]°$

(1) _____

❸ 平行線になる条件 ▶ 教 p.102-103

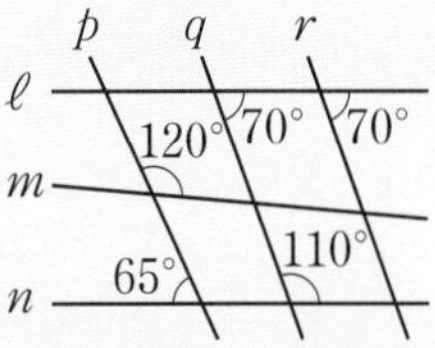

□(2) 右の図で, 平行な直線を記号 // で表すと,
[ℓ / n], [q / r] である。

(2) _____

❹ 三角形の角 ▶ 教 p.104-106 Step 2 ❷

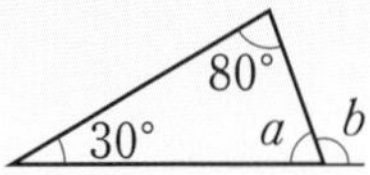

□(3) 右の図で, $\angle a=180°-80°-[\,30\,]°=[\,70\,]°$
$\angle b=30°+[\,80\,]°=[\,110\,]°$

(3) _____

❺ 多角形の内角の和を求めよう ▶ 教 p.107-109 Step 2 ❸

□(4) 八角形の, 内角の和は[1080°]である。

□(5) 内角の和が1800°である多角形は, [十二]角形である。

(4) _____

(5) _____

❻ 多角形の外角の和 ▶ 教 p.110-111 Step 2 ❹

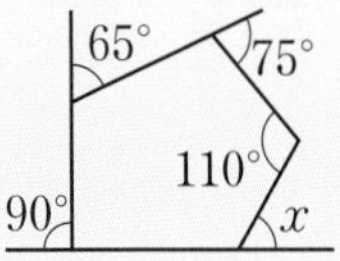

□(6) 右の図で, $\angle x$ の大きさは[60]°である。

(6) _____

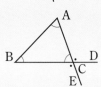

教科書のまとめ ___ に入るものを答えよう！

□ 2つの直線が交わってできる4つの角のうち, 向かい合った2つの角を 対頂角 という。その
向かい合った2つの角は 等しい 。

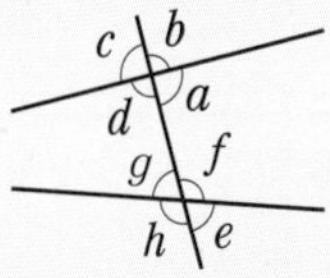

□ 右の図で, $\angle a$ と $\angle e$, $\angle c$ と $\angle g$ のような位置にある2つの角を 同位角 ,
$\angle a$ と $\angle g$, $\angle d$ と $\angle f$ のような位置にある2つの角を 錯角 という。

□ 平行な2つの直線に1つの直線が交わってできる同位角や錯角は 等しい 。

□ 右の図で, 3つの角 $\angle A$, $\angle B$, $\angle C$ を, $\triangle ABC$ の 内角 といい, $\angle ACD$
や $\angle BCE$ を, 頂点Cにおける 外角 という。

□ 三角形の内角の和は 180° である。三角形の外角は, それととなり合わな
い2つの 内角の和 に等しい。

□ n 角形の内角の和は $180°\times(n-2)$ で, 外角の和は 360° である。

【直線と角，平行線の性質】

❶ 次の図で，$\ell \,/\!/\, m$ のとき，$\angle x$，$\angle y$，$\angle z$ の大きさを求めなさい。

□(1)
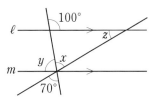

∠x（　　　　　　　）

∠y（　　　　　　　）

∠z（　　　　　　　）

□(2)
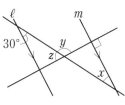

∠x（　　　　　　　）

∠y（　　　　　　　）

∠z（　　　　　　　）

【三角形の角】

❷ 次の図で，$\angle x$，$\angle y$ の大きさを求めなさい。

□(1)
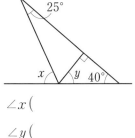

∠x（　　　　　　　）

∠y（　　　　　　　）

□(2)
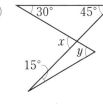

∠x（　　　　　　　）

∠y（　　　　　　　）

【多角形の内角】

❸ 次の問いに答えなさい。

□(1)　九角形の内角の和を求めなさい。

（　　　　　　　　）

□(2)　正十角形の 1 つの内角の大きさを求めなさい。

（　　　　　　　　）

【多角形の外角】

❹ 次の問いに答えなさい。

□(1)　正八角形の 1 つの外角の大きさを求めなさい。

（　　　　　　　　）

□(2)　1 つの内角が 108° である正多角形の辺の数は何本ですか。

（　　　　　　　　）

---

❶ヒント

❶

対頂角は等しい。また，2 つの平行な直線に 1 つの直線が交わるとき，同位角，錯角は等しい。

📋 テスト得ダネ

平行線と角の関係や，三角形の角は，これからもさまざまな問題で使われるよ。

❷

三角形の内角の和は 180° である。

三角形の外角は，それととなり合わない 2 つの内角の和に等しい。

(2)∠x は，2 つの三角形の共通の外角になっている。

❸

n 角形の内角の和は，$180° \times (n-2)$

正 n 角形の 1 つの内角の大きさは，

(内角の和)$\div n$

❹

多角形の外角の和は 360°，また，多角形の 1 つの頂点において，

(内角)＋(外角)＝180°

4章

Step 1 基本チェック ・ 2節 三角形の合同と証明

15分

教科書のたしかめ [ ]に入るものを答えよう！

❶ 合同な図形 ❷ 三角形の合同条件 ▶教 p.113-117 Step 2 ❶-❸ 解答欄

□(1) 合同な図形の対応する[線分]の長さ，[角]の大きさは等しい。 (1)_____

□(2) 2つの三角形が合同になる条件は，次のようにまとめられる。

[1] [3組の辺]がそれぞれ等しい。 (2)_____

[2] 2組の辺と[その間の角]がそれぞれ等しい。

[3] 1組の辺と[その両端の角]がそれぞれ等しい。

❸ 仮定，結論と証明 ▶教 p.118-121 Step 2 ❹

□(3) 右の図で，∠ABD＝∠CBD，∠ADB＝∠CDB (3)_____

ならば △ABD≡△CBD となる。このとき，

仮定は[∠ABD＝∠CBD，∠ADB＝∠CDB]

結論は[△ABD≡△CBD]で，合同条件の「[1組の辺とその両

端の角]がそれぞれ等しい」を使う。

❹ 証明のしくみとかき方 ❺ 証明の方針 ▶教 p.122-125 Step 2 ❺❻

□(4) 右の図で，AP＝CP，DP＝BP ならば， (4)_____

AD＝CB となる。これを証明するためには，

△APD≡[△CPB]を示せばよい。

仮定から，AP＝CP…①　[DP＝BP]…②がいえる。

また，[対頂角]の性質を使えば，[∠APD＝∠CPB]…③もい

える。

①，②，③より，[2組の辺とその間の角]がそれぞれ等しいか

ら，△APD≡[△CPB]が示せそうだ。

❻ 三角形の合同条件を使う証明 ▶教 p.126-127 Step 2 ❼-❾

教科書のまとめ ___ に入るものを答えよう！

□ 合同な図形を重ね合わせたとき，重なり合う頂点，辺，角を，それぞれ合同な図形の

対応する頂点，対応する辺，対応する角 という。

□ △ABC と △DEF が合同であることを，記号≡を使って △ABC≡△DEF と表す。

□ ●●●ならば■■■と表したとき，●●●の部分を 仮定，■■■の部分を 結論 という。

□ 仮定から出発し，すでに正しいと認められていることがらを根拠にして，筋道を立てて結論を

導くことを 証明 という。

Step 2 予想問題 ： 2節 三角形の合同と証明

1ページ
30分

【合同な図形】

❶ 右の図で,

四角形 ABCD≡四角形 PQRS です。

次の問いに答えなさい。

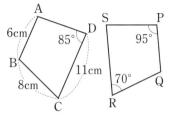

□(1) 辺 PQ の長さ,∠A の大きさを,
それぞれ答えなさい。

辺 PQ（ 　　　　　） ∠A（ 　　　　　）

□(2) ∠B の大きさを答えなさい。 （ 　　　　　）

□(3) 対角線 BD に対応する四角形 PQRS の対角線をかき入れなさい。

❶ 対応する頂点をきちんとつかむ。図で判断するのではなく,記号≡での表され方で判断する。

✕ ミスに注意
合同な図形を同じ向きにかいてみると,対応する頂点,対応する辺,対応する角がわかりやすい。

4章

【三角形の合同条件①】

❷ 次の図で,合同な三角形の組をすべて選び出し,記号≡を使って表しなさい。また,その合同条件を答えなさい。

よく出る

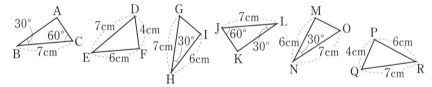

（ 　　　　　　　　　　　　　　　　　　　　　　　　　　　　　　）

❷ 3つの合同条件のどれかがあてはまれば合同である。
記号≡で表すときは,対応する頂点の順序を同じにする。

📋 テスト得ダネ
三角形の合同条件を使う問題は,よくテストで出題されるよ。

【三角形の合同条件②】

❸ 右の図は,正五角形 ABCDE を使ってつくった図形です。図にかかれている三角形の中から,△ABE,△CFE とそれぞれ合同な三角形を,記号≡を使って表しなさい。また,その合同条件を答えなさい。

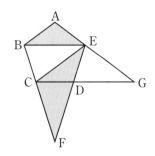

△ABE（ 　　　　　） 合同条件（ 　　　　　）
△CFE（ 　　　　　） 合同条件（ 　　　　　）

❸ 図を見て等しい辺や角に印をつけて,合同になりそうな三角形を見つけ,合同条件があてはまるかどうかを考える。
正五角形の,5つの辺,内角,外角はすべて等しいことに着目する。

【仮定, 結論と証明】

❹ 右の図の四角形 ABCD で, AC と BD が対角
線であるとき, AB＝AD, BC＝DC ならば,
∠BAC＝∠DAC となります。次の問いに答え
なさい。

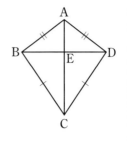

❹
(2)∠BAC と ∠DAC を
それぞれもっている
三角形で, 合同条件
にあてはまるものを
選ぶ。

□(1) 仮定と結論を答えなさい。

仮定 (   )

結論 (   )

□(2) 結論を証明するために, 2つの三角形の合同をいいます。合同な
三角形と, その合同条件を答えなさい。

合同な三角形 (   )

合同条件　 (   )

【証明のしくみとかき方, 証明の方針①】

❺ 右の図で, 線分 AB と CD の交点を P とし,
AP＝BP, CP＝DP ならば, ∠A＝∠B と
なります。
このことがらが正しいことを証明するため
の証明の方針を完成しなさい。

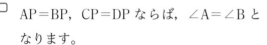

❺
結論を示すためには何
がわかればよいか, 仮
定からいえることは何
かを考える。さらに,
証明の根拠として使う
ことができることがら
を考える。

［証明の方針］

① ∠A＝∠Bを証明するためには, △ACP≡ ____ を示せばよい。

② 仮定から, ____ , ____ がいえる。①の2つの

三角形で, 対頂角は等しいから, ____ もいえる。

③ ____ がそれぞれ等しいから, ①が示せそうだ。

④ 合同な図形の対応する ____ は等しいから, ∠A＝∠B となる。

【証明のしくみとかき方, 証明の方針②】

❻ ❺の証明の方針にしたがって, ❺のことがらが正しいことを証明しま
す。この証明を完成しなさい。

❻
❺の方針にもとづいて,
証明を完成する。2つ
の三角形が合同である
ことは, すでにわかっ
ている辺や角のうちの
3組を示し, 簡潔に表
す。三角形の合同を示
すことが結論ではない
ことに注意する。

［証明］

△ACP と △ ____ において,

［解答 ▶ p.16-17］

【三角形の合同条件を使う証明①】

7 右の図で，OA＝OB，OC＝OD ならば
∠A＝∠B となります。
このことを，次のように証明しました。
□ をうめて，証明を完成しなさい。

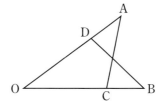

ヒント

7
∠A＝∠B を導くために，△AOC とどの三角形が合同であればよいかを考える。

テスト得ダネ
三角形の合同を利用する証明問題はよく出題される。解き方をマスターし，十分に練習をつんでおこう。

[証明]

△AOC と △ ⑦_____ において，

仮定から，OA＝OB…①，OC＝OD…②

また， ∠O は ⑦_____ …③

①，②，③より ⑦(合同条件)_____ から，

△AOC≡△ ⑦_____

合同な図形の対応する角の大きさは等しいから，

⑦_____ ＝ ⑦_____

【三角形の合同条件を使う証明②】

8 右の図のように，AD∥BC である台形
ABCD の辺 CD の中点を M とし，AM
の延長と辺 BC の延長との交点を E と
します。このとき，AM＝EM である
ことを証明しなさい。

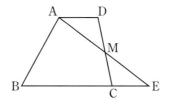

8
AM＝EM を導くために，どの2つの三角形が合同であるといえばよいかをまず考える。

【三角形の合同条件を使う証明③】

9 右の図のように，△ABC の辺 BC の中
点 M から AB，AC に平行な直線をひ
き，その直線が AC，AB と交わる点を
それぞれ P，Q とします。このとき，
PM＝QB であることを証明しなさい。

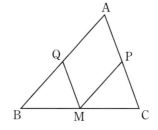

9
PM＝QB を導くために，どの2つの三角形が合同であるといえばよいかを考える。

Step 3　予想テスト

4章 図形の性質と合同

⏱ 30分　／100点　目標80点

① 次の図で，∠x の大きさを求めなさい。 知　36点(各6点)

(1) 四角形は平行四辺形

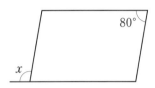

(2) $\ell \parallel m$

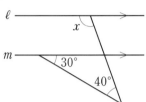

(3) $\ell \parallel m$

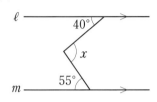

(4)

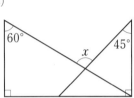

(5)

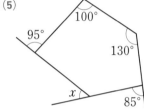

(6)

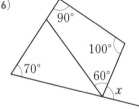

② 次の問いに答えなさい。 知　24点(各6点)

(1) 十二角形の内角の和は，十一角形の内角の和よりも何度大きいですか。

(2) 内角の和が 1440° になる多角形は，何角形ですか。

(3) 1つの内角が 156° である正多角形の辺の数は，何本ですか。

(4) 内角の和のほうが外角の和よりも 900° 大きい多角形は，何角形ですか。

③ 次の(1)，(2)にそれぞれ条件を1つつけ加えると，△ABC≡△PQR がいえます。つけ加える条件をすべてかき，そのときの合同条件を答えなさい。 知

16点(各8点完答)

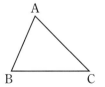

(1) AB＝PQ，BC＝QR

(2) AC＝PR，∠A＝∠P

4 右の図で，AB＝CD，AD＝CB ならば AB∥DC です。

このことを次のように証明しました。この証明を完成しなさい。 考　　　　　　　　　　　　　12点(各3点)

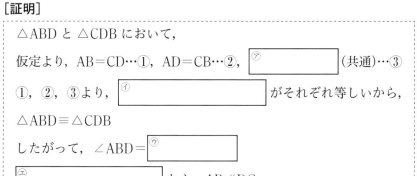

[証明]

△ABD と △CDB において，

仮定より，AB＝CD…①，AD＝CB…②，⬚ア⬚ (共通)…③

①，②，③より，⬚イ⬚ がそれぞれ等しいから，

△ABD≡△CDB

したがって，∠ABD＝⬚ウ⬚

⬚エ⬚ から，AB∥DC

5 右の図で，∠A＝∠C である四角形 ABCD の対角線 BD が ∠B を2等分しています。このとき，DA＝DC となることを証明しなさい。 考　　　　　　　　　　　　　12点

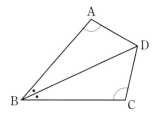

❶	(1) ∠x＝		(2) ∠x＝	
	(3) ∠x＝		(4) ∠x＝	
	(5) ∠x＝		(6) ∠x＝	
❷	(1)		(2)	
	(3)		(4)	
❸	(1)			
	(2)			
❹	ア		イ	
	ウ		エ	
❺				

Step 1 基本チェック ： 1節 三角形

15分

教科書のたしかめ　[ ]に入るものを答えよう！

❶,❷ 二等辺三角形の性質①, ②　▶ 教 p.134-137　Step 2 ❶-❸

解答欄

☐(1) 右の図のような AB＝AC の二等辺三角形
で，∠A＝70° のとき，∠B＝[55]°
∠A の二等分線と辺 BC の交点を D とす
ると，∠ADB＝[90]°，BD＝[CD]

(1) _____

☐(2) 右の図のような正三角形で，正三角形の定
義は，[3辺]が等しい三角形。正三角形
は二等辺三角形でもあるので，
AB＝AC だから，∠B＝∠[C]
BA＝BC だから，∠A＝∠[C]
したがって，正三角形の[3つの角]は等しく，すべて[60]°

(2) _____

❸ 2つの角が等しい三角形　▶ 教 p.138-139　Step 2 ❹

☐(3) 右の △ABC は，∠B＝[65]°＝∠[C]だから，
[AB＝AC]の[二等辺三角形]。

(3) _____

☐(4) 頂角が 60° の二等辺三角形は，2つの底角もそれ
ぞれ[60]° だから[正三角形]になる。

(4) _____

❹ 逆　▶ 教 p.140-141　Step 2 ❺

☐(5) 「$x \leqq 4$ ならば，$x < 10$」の逆は，「[$x < 10$]ならば，[$x \leqq 4$]」

(5) _____

❺ 直角三角形の合同　▶ 教 p.142-144　Step 2 ❻-❽

☐(6) 右の 2つの直角三角形の合同を証明
するために使う直角三角形の合同条
件は，「[斜辺と1つの鋭角]がそれ
ぞれ等しい」である。

(6) _____

教科書のまとめ　___ に入るものを答えよう！

☐その用語の意味をはっきり述べたものを 定義 という。

☐二等辺三角形の等しい辺の間の角を 頂角 ，頂角に対する辺を 底辺 ，
底辺の両端の角を 底角 という。

☐証明されたことがらのうち，よく使われるものを 定理 という。

☐ことがらの仮定と結論が入れかわっているとき，一方を他方の 逆 という。

☐直角三角形で，直角に対する辺を 斜辺 という。

Step 2 予想問題 : **1節 三角形**

1ページ 30分

【二等辺三角形の性質①】

よく出る

❶ 下の図で，∠x の大きさを求めなさい。

□(1)
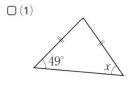
( )

□(2)

( )

□(3)
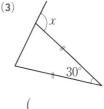
( )

□(4)
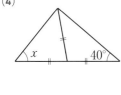
( )

□(5)

( )

□(6)
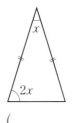
( )

【二等辺三角形の性質②】

❷ 右の図の四角形 ABCD は4つの辺がすべて等しいひし形です。対角線 AC と BD の交点を O，∠BAC＝35° とするとき，次の問いに答えなさい。

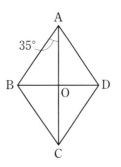

□(1) ∠DAC，∠ADB の大きさを求めなさい。

∠DAC＝( )

∠ADB＝( )

□(2) AC と BD の交わり方について，次のように考えました。 □ をうめなさい。

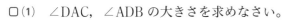

(1)より，∠BAC＝∠① □ だから，

AC は ∠BAD の ② □ になる。

△ABD は AB＝AD の二等辺三角形だから，

AC は BD を ③ □ する。

したがって，∠AOB＝④ □ °，BO＝⑤ □

【二等辺三角形の性質③】

❸ 右の図で，四角形 ABCD は正方形です。
辺 BC 上に点 E，辺 CD 上に点 F をとり，
∠BAE＝∠DAF となるとき，次の問いに
答えなさい。

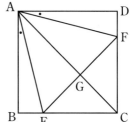

□(1) △AEF は二等辺三角形になることを
証明しなさい。

$\left(\right.$

□(2) 対角線 AC と線分 EF の交点を G とするとき，∠EGC の大きさ
を求めなさい。

( )

❸
(1)△ABE≡△ADF と
なることから，
AE＝AF を示す。
(2)(1)より，AC は
△AEF の頂角
∠EAF の二等分線
になる。

✕ ミスに注意
証明問題では，4 章
で学習の「証明の方
針」にもとづいて考
えよう。

【2 つの角が等しい三角形】

❹ 右の図のように，△ABC の ∠A の二等分線
□ と辺 BC との交点を D とし，D から辺 AB と
平行な直線をひき，辺 AC との交点を E とし
ます。このとき，△ADE は二等辺三角形で
あることを証明しなさい。

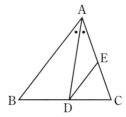

$\left(\right.$

❹
△ADE の 2 つの角が
等しいことを証明する。
「2 つの直線が平行な
とき，錯角は等しい。」
を使う。

【逆】

❺ 次のことがらの逆を答えなさい。また，それが正しいかどうかを調べ，
正しくない場合は，反例を 1 つ示しなさい。

□(1) 2 直線が平行ならば，その錯角は等しい。

( )

□(2) 正方形は 4 つの辺の長さが等しい四角形である。

( )

□(3) 4 の倍数は偶数である。

( )

❺
まず，仮定と結論に分
けてから結論と仮定を
入れかえる。正しくな
いことが 1 つでもあれ
ば，そのことがらは正
しいとはいえない。
(2)4 つの辺が等しくて
も正方形でない図形が
ある。

【直角三角形の合同①】

❻ 右の図の △ABC と △PQR において，
∠B＝∠Q＝90°，AC＝PR です。
次の問いに答えなさい。

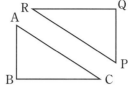

□(1) 角についての条件を 1 つだけつけ加え
ると，△ABC≡△PQR がいえます。あてはまる条件をすべて答
えなさい。　　　　　　　　　　　　（　　　　　　　　　　　）

□(2) 辺についての条件を 1 つだけつけ加えると，△ABC≡△PQR が
いえます。あてはまる条件をすべて答えなさい。
　　　　　　　　　　　　　　　　　　（　　　　　　　　　　　）

❻
直角三角形の合同条件のうち，斜辺が等しいことがあたえられている。

テスト得ダネ
直角三角形の合同に関する問題はよく出る。直角三角形の合同条件は確実に覚えておこう。

【直角三角形の合同②】

❼ 右の図は，AB＝AC の二等辺三角形で，B，Cか
□ ら辺 AC，AB に垂線 BD，CE をひくと，EB＝DC
となることを，次のように証明しました。この証
明を完成しなさい。

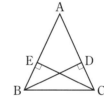

❼
二等辺三角形と直角三角形の性質を利用して △EBC≡△DCB を導く。

[証明] 　△EBC と △DCB において，
　　　仮定から，　　　∠CEB＝∠BDC＝90° …①
　　　また，　　　　　BC は ⑦[　　　　　]　…②
　　　二等辺三角形の ⑦[　　　　　] は等しいから，
　　　　　　　　　　　∠EBC＝∠DCB　　　 …③
　　①，②，③より，直角三角形の ⑨[　　　　] と ⑩[　　　　]
　　がそれぞれ等しいから，△EBC≡△DCB
　　合同な図形の対応する辺の長さは等しいから，EB＝DC

【直角三角形の合同③】

❽ 右の図は，直角三角形 ABC の辺 AB 上に
□ AC＝AD となる点 D をとり，さらに D から辺
BC 上に AB⊥ED となるような点 E をとり，A
と E を結んだものです。
このとき，AE は ∠BAC を 2 等分することを
証明しなさい。

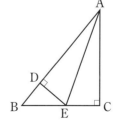

❽
△ACE≡△ADE がいえれば，
∠CAE＝∠DAE となる。

Step 1 基本チェック ● 2 節 平行四辺形

15分

教科書のたしかめ　[ ]に入るものを答えよう!

❶ 平行四辺形の性質　▶ 教 p.146-147　Step 2 ❶❷

解答欄

□(1)　右の □ABCD で,
BC=[8]cm, AB=[5]cm
∠A=[110]°, ∠B=[70]°

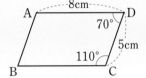

(1) _____

_____

_____

❷ 平行四辺形になる条件　▶ 教 p.148-150　Step 2 ❸

□(2)　右の四角形 ABCD は, 次のどれかを満た
せば平行四辺形になる。

① AB=[DC], [AD]=BC
② ∠[ABC]=∠ADC, ∠BAD=∠[DCB]
③ AO=[CO], [BO]=DO
④ AB∥DC, [AB]=[DC]
⑤ [AD]∥[BC], AD=BC

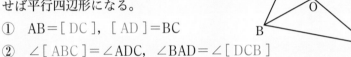

(2) ＿／＿

＿／＿

＿／＿

＿／＿

❸ 平行四辺形になる条件の活用　▶ 教 p.151-152　Step 2 ❹❺

❹ 特別な平行四辺形　▶ 教 p.153-155　Step 2 ❻❼

□(3)　右の図は, 平行四辺形, 長方形, ひし形,
正方形の関係を表している。
A は[正方形], B は[長方形(ひし形)],
C は[ひし形(長方形)], D は[平行四辺形]

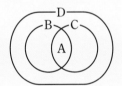

(3) _____

_____

_____

❺ 平行線と面積　▶ 教 p.156-157　Step 2 ❽❾

□(4)　右の四角形 ABCD は平行四辺形である。
面積の等しい三角形は,
△ABC=△[DBC], △[BAD]=△CAD,
△CAB=△[DAB], △[ACD]=△BCD

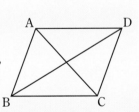

(4) _____

_____

_____

教科書のまとめ　___に入るものを答えよう!

□ 平行四辺形の定義……　2 組の対辺が, それぞれ平行である　四角形
□ 長方形の定義……　4 つの角がすべて等しい四角形
□ ひし形の定義……　4 つの辺がすべて等しい四角形
□ 正方形の定義……　4 つの角がすべて等しく, 4 つの辺がすべて等しい四角形

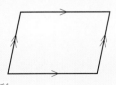

Step 2 予想問題 ： **2 節 平行四辺形**

1ページ 30分

【平行四辺形の性質①】

❶ □ABCD の対角線 AC に，B，D からそれぞれ垂線 BE，DF をひくと，BE＝DF となることを証明しなさい。

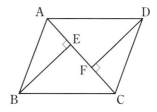

💡**ヒント**

❶
BE，DF を対応する辺としてもつ 2 つの直角三角形が合同であることを導く。

（

）

【平行四辺形の性質②】

❷ □ABCD の対角線の交点 O を通る直線が，辺 AD，BC と交わる点を，それぞれ M，N とします。このとき，MD＝NB であることを証明しなさい。

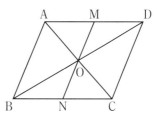

❷
MD，NB を対応する辺としてもつ 2 つの三角形が合同であることを導く。平行四辺形の定義と平行四辺形の性質が使える。

（

）

【平行四辺形になる条件】

❸ 四角形 ABCD の対角線の交点を O とするとき，次の①〜⑥で，いつでも平行四辺形になるものはどれですか。あてはまるものをすべて選びなさい。

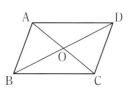

❸
平行四辺形になる条件にあてはめる。

📋**テスト得ダネ**

平行四辺形の性質を利用した証明，平行四辺形になる条件を利用した証明は，よく出る。仮定と結論を確認してから証明するようにしよう。

① AB∥DC

② ∠A＋∠B＝∠B＋∠C＝180°

③ AB＝DC，AD＝BC

④ AC＝BD

⑤ AO＝CO，BO＝DO

⑥ AB＝BC，CD＝DA

（   ）

5章

【平行四辺形になる条件の活用①】

❹ 右の図は，□ABCD の辺 AD，辺 BC 上に，それぞれ $AM = \frac{1}{3}AD$，$NC = \frac{1}{3}BC$ となるような点 M，N をとり，A と N，C と M をそれぞれ結んだものです。このとき，四角形 ANCM は平行四辺形であることを証明しなさい。

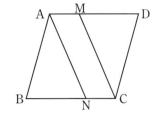

 ヒント

❹
AM と NC についてどんなことが成り立つのかを考えて，平行四辺形になる条件と結びつける。

テスト得ダネ

四角形が平行四辺形であることを証明する問題はよく出題される。平行四辺形になる5つの条件をいつでも使えるようにしておこう。

【平行四辺形になる条件の活用②】

❺ 右の図のように，△ABC の辺 BC の中点を M とし，直線 AM に点 B，C からそれぞれ垂線 BD，CE をひきます。このとき，四角形 BDCE は平行四辺形であることを証明しなさい。

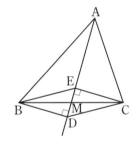

❺
M は対角線 BC の中点になっている。これと，平行四辺形になる条件とを結びつける。

【特別な平行四辺形①】

 ❻ □ABCD で，次のことが成り立つとき，□ABCD はどんな四角形になりますか。ただし，対角線 AC と BD の交点を O とします。

☐(1) AB＝BC

(   )

☐(2) OA＝OB

(   )

☐(3) ∠A＝∠B

(   )

☐(4) AB＝BC，∠A＝∠B

(   )

❻

平行四辺形
㋐ ↙　↘ ㋒
長方形　　ひし形
㋑ ↘　↙ ㋓
正方形

㋐～㋓で，条件が加わると，四角形の形状が変わる。

【特別な平行四辺形②】

❼ 「対角線が垂直に交わる平行四辺形は，ひし形である」ことを，次のように証明しました。この証明を完成しなさい。

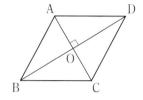

[証明]

> △ABCD の対角線の交点を O とする。
>
> △ABO と △ADO において，
>
> 仮定から，∠AOB＝∠AOD＝90°…①，AO は共通…②
>
> 平行四辺形の性質から，BO＝$\boxed{\text{ア}}$…③
>
> ①，②，③より，$\boxed{\text{イ}}$ がそれぞれ等しいから，
>
> 　△ABO≡△ADO　したがって，AB＝$\boxed{\text{ウ}}$…④
>
> また，平行四辺形の性質から，AB＝DC，AD＝$\boxed{\text{エ}}$…⑤
>
> ④，⑤より，AB＝DC＝AD＝BC
>
> 4 つの辺がすべて等しいから，△ABCD はひし形である。

【平行線と面積①】

❽ 右の図の △ABC の辺 AB 上の点 D から，辺 BC に平行な直線をひき，辺 AC との交点を E とします。

C と D，B と E を結ぶとき，△BCD と面積が等しい三角形，△ABE と面積が等しい三角形を答えなさい。

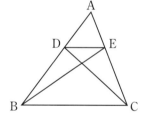

　　　　△BCD＝(　　　　　　　)　△ABE＝(　　　　　　　)

【平行線と面積②】

❾ 右の図について，次の問いに答えなさい。

(1) 直線 OX 上に，△OPM＝△OPQ となる点 M をとる方法を説明しなさい。

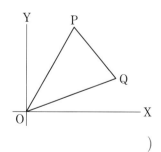

(　　　　　　　　　　　　　　　　　　　　　　　　)

(2) 直線 OY 上で，△OPQ＝△ONM となる点 N を，上の図にかきなさい。

Step 3 予想テスト : 5章 三角形と四角形

30分 /100点 目標80点

❶ 次の図の x，y の値を求めなさい。[知] 32点（各8点）

☐(1) 四角形 ABCD は正方形
△EBC は正三角形

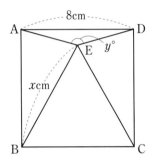

☐(2) 四角形 AECD は平行四辺形

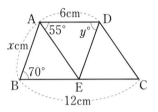

❷ 右の図は，長方形の紙を線分 BD で折り返したものです。
☐ このとき，BE＝DE となることを証明しなさい。[考] 12点

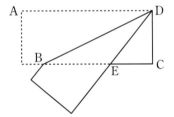

❸ 2つの線分 AB と CD が右の図のように交わっています。
☐ 2つの線分は，それぞれの長さを自由に変えることができ，
交わり方もいろいろに変えることができます。このとき，
4点 A，C，B，D を結んでできる四角形が，次のそれぞれ
の形になる条件について考えます。次の ☐ をうめなさい。

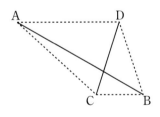

[考] 32点（各8点）

① 平行四辺形……AB と CD がそれぞれの ☐。

② 長方形……①の条件に加えて，AB と CD の ☐。

③ ひし形……①の条件に加えて，AB と CD が ☐。

④ 正方形……③の条件に加えて，AB と CD の ☐。

4 右の図で，△ABC の ∠A の二等分線と辺 BC との交点を D とします。D から AB，AC と平行な直線をひき，AC，AB との交点をそれぞれ E，F とします。四角形 AFDE はひし形になることを証明しなさい。**考**　12点

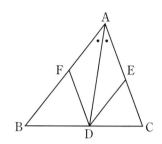

5 右の図のように，折れ線 ABC を境界とするア，イの土地があります。これらの土地の面積を変えることのないように，A を通る1本の直線となる新しい境界線をひきます。その境界線を AD として，解答欄の図にかきなさい。作図に用いた線は消さないこと。**考**　12点

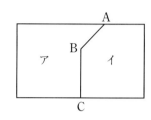

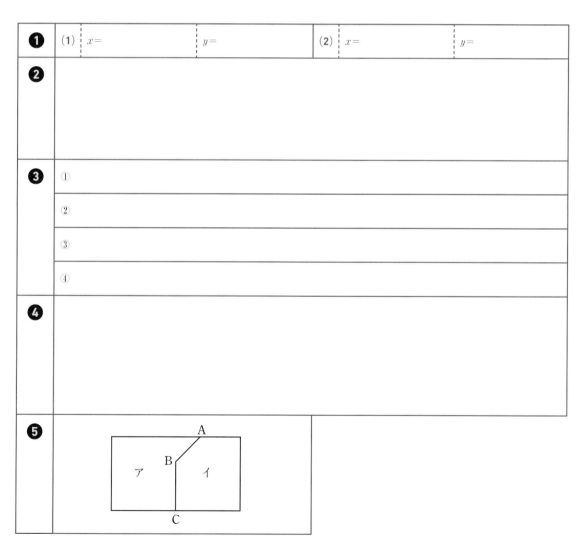

| ❶ | (1) | $x=$ | $y=$ | (2) | $x=$ | $y=$ |

| ❷ |

❸	①
	②
	③
	④

| ❹ |

| ❺ |

Step 1 基本チェック ・ 1節 データの分布の比較

15分

教科書のたしかめ　[ ]に入るものを答えよう！

1節 データの分布の比較　▶教 p.164-173　Step 2 ❶-❻

解答欄

□(1)　次のデータは，10人の生徒の英単語のテスト(10点満点)の結果
を，得点の低い順に並べたものである。

　　　2, 3, 3, 4, 4, 5, 6, 6, 8, 9　(点)

第1四分位数は，データの値の小さい方の半分の中央値だから，

[3]点，第2四分位数は，中央値だから，$\dfrac{4+[\,5\,]}{2}=[\,4.5\,]$点，

第3四分位数は，データの値の大きい方の半分の中央値だから，

[6]点。

(1) _____

_____

_____

_____

□(2)　下の図は，ある野球チームの15試合の各試合の得点のデータを，
箱ひげ図に表したものである。

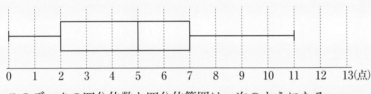

このデータの四分位数と四分位範囲は，次のようになる。

第1四分位数……[2]点　　　　第2四分位数……[5]点

第3四分位数……[7]点

四分位範囲……[7]−[2]=[5]点

(2) _____

_____

_____

_____

_____

教科書のまとめ　___ に入るものを答えよう！

□ データの分布を調べるために，値を小さい順に並べて，値の個数が等しくなるように4つに分
けたときの，3つの区切りの位置の値を 四分位数 といい，小さい順に 第1四分位数，
第2四分位数 (中央値)，第3四分位数 という。

□ データの分布を，長方形とその両端からのびる線分で表した図を 箱ひげ図 という。

□ 第3四分位数から第1四分位数をひいた値を 四分位範囲 という。

□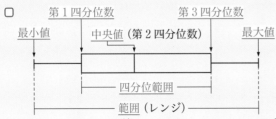

□ データの中にかけ離れた値があると，範囲は影響を 受ける が，四分位範囲は影響を
ほとんど受けない 。

Step 2 ┃ 予想問題 ┃ 1節 データの分布の比較

1ページ
30分

【四分位数と箱ひげ図①】

1 次の図は，20 人の生徒の身長のデータを箱ひげ図に表したものです。
下の問いに答えなさい。

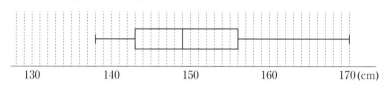

□(1) 箱ひげ図から最大値と最小値を求めなさい。

最大値（　　　　　　） 最小値（　　　　　　）

□(2) 箱ひげ図から四分位数を求めなさい。

第 1 四分位数（　　　　　　　　　　）

第 2 四分位数（　　　　　　　　　　）

第 3 四分位数（　　　　　　　　　　）

□(3) この箱ひげ図は，左のひげより右のひげの方が長くなっています。
このことから，「身長が 143 cm 以下の生徒より，156 cm 以上の
生徒の方が多い」といえますか。　　　　　　（　　　　　　）

【四分位数と箱ひげ図②】

2 次の図は，1 組の生徒 40 人と 2 組の生徒 40 人の国語のテストの得点
のデータを箱ひげ図に表したものです。下の問いに答えなさい。

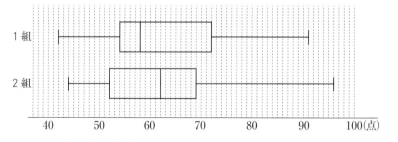

□(1) 次の①，②の文章について，正しいものには○，正しくないもの
には×をかきなさい。

① 最高得点をとったのは，1 組の生徒である。　　（　　　　）

② 2 組の半分以上の生徒は 60 点以上である。　　（　　　　）

□(2) 70 点の生徒は，左のひげの区間，箱の区間，右のひげの区間の
どの区間にあてはまりますか。組ごとに答えなさい。

1 組（　　　　　　） 2 組（　　　　　　）

💡ヒント

1

(1)箱ひげ図のひげの両
端の値を考える。

(2)箱ひげ図の箱の区間
で考える。

(3)ひげの長さは，散ら
ばりの程度を表して
いる。

2

(1)最高得点は，箱ひげ
図の右端の値から求
められる。また，箱
の内部の線分は中央
値を表している。

6章

【四分位数の求め方と箱ひげ図のかき方①】

❸ 次のデータは，ある店で 1 日に売れたショートケーキの個数を，4 月 1 日から 4 月 14 日まで調べたものです。下の問いに答えなさい。

売れたショートケーキの個数（4 月 1 日〜4 月 14 日）

日	1	2	3	4	5	6	7	8	9	10	11	12	13	14
個数(個)	16	9	20	22	0	15	14	12	18	23	12	0	16	18

☐(1) 最大値と最小値を求めなさい。

最大値（　　　　　） 最小値（　　　　　）

☐(2) 四分位数を求めなさい。

第 1 四分位数（　　　　　　　　）

第 2 四分位数（　　　　　　　　）

第 3 四分位数（　　　　　　　　）

☐(3) 下の図に，このデータの箱ひげ図をかきなさい。

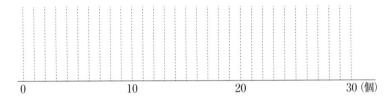

ヒント

❸
データの値を小さい順に並べる。データの値の個数は 14 個で偶数だから，小さい方の 7 個と，大きい方の 7 個に分けることができる。
(2)第 1 四分位数は小さい方の 7 個の中央値。
第 3 四分位数は大きい方の 7 個の中央値。

【四分位数の求め方と箱ひげ図のかき方②】

❹ 次のデータは，11 人の生徒の 50 m 走の記録です。下の問いに答えなさい。

7.8, 8.2, 6.8, 7.6, 7.1, 8.3, 7.2, 7.8, 8.2, 8.0, 7.4 （秒）

☐(1) 最大値と最小値を求めなさい。

最大値（　　　　　） 最小値（　　　　　）

☐(2) 四分位数を求めなさい。

第 1 四分位数（　　　　　　　　）

第 2 四分位数（　　　　　　　　）

第 3 四分位数（　　　　　　　　）

☐(3) 下の図に，このデータの箱ひげ図をかきなさい。

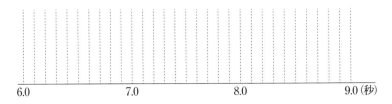

❹
データの数は 11 個だから，真ん中の値を除いて，小さい方の 5 個と，大きい方の 5 個に分けることができる。

[解答 ▶ p.23-24]

【四分位範囲と箱ひげ図】

❺ 次の図は，ある畑で収かくされたなしの 1 個ごとの重さのデータを箱ひげ図で表したものです。下の問いに答えなさい。

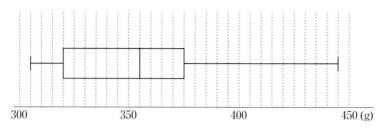

□(1)　箱ひげ図から，このデータの範囲を求めなさい。

（　　　　　　　）

□(2)　箱ひげ図から，このデータの四分位範囲を求めなさい。

（　　　　　　　）

□(3)　次の文章の □□□□ に，「範囲」，「四分位範囲」のうち，あてはまることばをかき入れなさい。

データの中央付近にある約 50 ％ の値の散らばりの程度を表しているのは ① で，データにふくまれるすべての値の散らばりの程度を表しているのは ② である。

①（　　　　　　　）

②（　　　　　　　）

【多数のデータの分布の比較】

❻ 次の図は，ある中学校の 1 日の欠席者数の 1 か月分のデータを学年ごとに箱ひげ図に表したものです。下の問いに答えなさい。

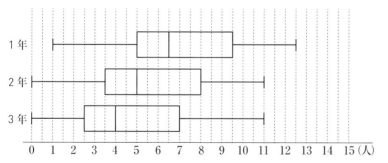

□(1)　各学年の四分位数をそれぞれ求めなさい。

1 年　第 1 四分位数（　　　）　第 2 四分位数（　　　）　第 3 四分位数（　　　）

2 年　第 1 四分位数（　　　）　第 2 四分位数（　　　）　第 3 四分位数（　　　）

3 年　第 1 四分位数（　　　）　第 2 四分位数（　　　）　第 3 四分位数（　　　）

□(2)　(1)の結果から，「欠席者の数は，学年が上がると減る傾向にある。」といえますか。　　　　　（　　　　　　　）

［解答 ▶ p.24］　51

💡ヒント

❺
(1)範囲は最大値，最小値から求めることができる。
(2)四分位範囲は，第 1 四分位数と第 3 四分位数から求めることができる。

6章

❻
(2)箱ひげ図の箱の区間には，データの中央付近の約 50 ％ の値がふくまれている。四分位数の大小関係を見ておおよその傾向がわかる。

Step 1 基本チェック ： 2節 場合の数と確率

15分

教科書のたしかめ　[ ]に入るものを答えよう！

| 2節 場合の数と確率 | ▶ 教 p.176-185　Step 2 ❶-⓫ |

解答欄

□(1)　1つのさいころを投げるとき，[6]通りの目の出方は同様に確からしい。したがって，それぞれの目の出る確率は$\left[\dfrac{1}{6}\right]$

奇数の目は[3]通りあるから，奇数の目が出る確率は$\left[\dfrac{1}{2}\right]$

(1) _____
_____
_____ / _____

□(2)　確率 p の範囲は，[0]≦p≦[1]

必ず起こることがらの確率は[1]，決して起こらないことがらの確率は[0]

(2) _____ / _____
_____ / _____

□(3)　さいころを1回投げるとき，3の倍数の目が出る確率は$\left[\dfrac{1}{3}\right]$

3の倍数の目が出ない確率は，$1-\left[\dfrac{1}{3}\right]=\left[\dfrac{2}{3}\right]$

(3) _____
_____ / _____
_____

□(4)　2枚の100円硬貨 A，B を同時に投げるとする。

表が出たときを○，裏が出たときを×として，下のような[樹形図]をかくと，表と裏の出方について，起こりうるすべての場合は[4]通りある。

したがって，次のような確率になる。

2枚とも裏が出る……$\left[\dfrac{1}{4}\right]$

1枚だけ裏が出る……$\left[\dfrac{1}{2}\right]$

少なくとも1枚裏が出る……$\left[\dfrac{3}{4}\right]$

裏が出ない……$\left[\dfrac{1}{4}\right]$

```
   A      B
       ○  (○, ○)
○<
       ×  (○, ×)
       ○  (×, ○)
×<
       ×  (×, ×)
```

(4) _____
_____
_____
_____
_____
_____
_____

教科書のまとめ　___ に入るものを答えよう！

□ 起こりうるすべての場合について，どの場合が起こることも同じ程度に期待できるとき，どの場合が起こることも 同様に確からしい という。

□ どの場合が起こることも同様に確からしいとする。その n 通りのうち，ことがら A の起こる場合が a 通りあるとき，ことがら A の起こる確率 p は，$\dfrac{a}{n}$ である。

□ ことがら A の起こる確率が p のとき，A の起こらない確率は $1-p$ である。

□ 起こりうるすべての場合を整理してかき出すとき，よく使う図に 樹形図 がある。

Step 2 予想問題　2節 場合の数と確率

1ページ
30分

【場合の数と確率①】

❶ 1つのさいころを投げるとき，次の確率を求めなさい。

□(1)　奇数の目が出る確率　（　　　　　　）

□(2)　3の倍数の目が出る確率　（　　　　　　）

□(3)　素数の目が出る確率　（　　　　　　）

【場合の数と確率②】

❷ A，Bの2人がじゃんけんをするとき，次の確率を求めなさい。

□(1)　Aが勝つ確率　（　　　　　　）

□(2)　あいこになる確率　（　　　　　　）

【場合の数と確率③】

❸ 箱の中に，赤色，青色，黄色のカードが1枚ずつはいっています。箱の中から3枚のカードを1枚ずつ取り出し，取り出した順に左から1列に並べます。このとき，次の確率を求めなさい。

□(1)　左から黄色，赤色，青色の順に並ぶ確率　（　　　　　　）

□(2)　真ん中のカードが黄色になる確率　（　　　　　　）

【場合の数と確率④】

よく出る

❹ 2つのさいころ A，B を同時に投げるとき，次の確率を求めなさい。

□(1)　2つの目の数の和が10以上になる確率　（　　　　　　）

□(2)　2つの目の数の積が6になる確率　（　　　　　　）

💡ヒント

❶
1つのさいころの目の出方が何通りあるか考える。

❷
AとBの手の出し方は全部で何通りあるかを，樹形図を使って考える。

6章

❸
3枚のカードの並び方が何通りあるかを樹形図に表して求める。

❹
1つのさいころは6通りの目をもっている。目の出方を(Aの目，Bの目)の組として考える。

【場合の数と確率⑤】

❺ 箱の中に，1 から 5 までの数字を 1 つずつ記入した 5 枚のカードがはいっています。この箱から 2 枚のカードを続けて取り出し，取り出した順に左から並べて 2 けたの整数をつくるとき，次の確率を求めなさい。

□(1)　2 けたの整数が 30 より小さくなる確率　　（　　　　　　　）

□(2)　2 けたの整数が 3 の倍数になる確率　　　（　　　　　　　）

【場合の数と確率⑥】

❻ 男子 2 人と女子 2 人の 4 人の中から 2 人を選ぶとき，次の確率を求めなさい。

□(1)　男子 2 人が選ばれる確率　　　　　　　　（　　　　　　　）

□(2)　男子 1 人と女子 1 人が選ばれる確率　　　（　　　　　　　）

【場合の数と確率⑦】

❼ 箱の中に，1 から 4 までの数がかかれた 4 個の球がはいっています。この中から 2 個の球を同時に取り出すとき，次の確率を求めなさい。

□(1)　球にかかれた数の和が偶数になる確率　　　（　　　　　　　）

□(2)　球にかかれた数の積が奇数になる確率　　　（　　　　　　　）

□(3)　球にかかれた数の積が偶数になる確率　　　（　　　　　　　）

【場合の数と確率⑧】

❽ 2 つのさいころ A，B を同時に投げるとき，次の確率を求めなさい。

□(1)　2 つの目の数の和が 3 の倍数になる確率　（　　　　　　　）

□(2)　2 つの目の数の積が 20 未満になる確率　（　　　　　　　）

□(3)　2 つの目の数の積が 3 以上になる確率　（　　　　　　　）

ヒント

❺
起こりうるすべての場合の数が多いことが予想できるので，全部を樹形図で表すのではなく，一部だけを表してみて，全体のようすを推測する。

❻
A，B を男子 2 人，C，D を女子 2 人として，樹形図をかく。

❼
(3)積は偶数か奇数のどちらかだから，(2)で求めた確率から求めることができる。

❽
2 つのさいころの目の出方は 36 通り。
(3)「2 つの目の数の積が 3 以上になる確率」と「2 つの目の数の積が 3 未満になる確率」の和が 1 になることから考える。

【場合の数と確率⑨】

 よく出る

❾ 袋の中に赤球が 3 個，白球が 3 個はいっています。この袋の中から同時に 2 個の球を取り出すとき，次の確率を求めなさい。

□(1)　2 個とも赤球である確率　　　　　　　　　　（　　　　　　　）

□(2)　2 個の色が同じである確率　　　　　　　　　（　　　　　　　）

□(3)　少なくとも 1 個は白球である確率　　　　　　（　　　　　　　）

ヒント

❾
赤球と白球のそれぞれを記号を使って表し，2 個を取り出す場合の樹形図をかく。

(3) 1 個以上が白球，つまり，白球が 1 個または 2 個になる場合。

【場合の数と確率⑩】

❿ 5 本のうち 2 本のあたりがはいっているくじがあります。A，B の 2 人がこの順に 1 本ずつくじを引くとき，次の問いに答えなさい。

□(1)　くじの引き方は全部で何通りありますか。　（　　　　　　　）

□(2)　2 人ともあたる確率を求めなさい。　　　　（　　　　　　　）

❿

テスト得ダネ
くじを引くときの確率の問題はよく出る。同じあたりくじ，同じはずれくじでも，区別して考えることがポイントだよ。

【場合の数と確率⑪】

点UP

⓫ 袋の中に，赤球 3 個と青球 2 個がはいっています。次の確率を求めなさい。

□(1)　袋から同時に 2 個の球を取り出すとき，2 個とも赤球である確率

（　　　　　　　）

□(2)　袋から 1 個ずつ続けて 2 回球を取り出して左から順に並べるとき，2 個の色がちがう確率

（　　　　　　　）

□(3)　1 個の球を取り出して袋にもどすことを 2 回行ったとき，2 回とも青球である確率

（　　　　　　　）

⓫
(1)，(2)，(3)のそれぞれの場合について，組み合わせをかき並べたり樹形図をかいたりして考える。

ミスに注意
続けて取り出した場合ともとにもどして取り出した場合とでは，起こりうるすべての場合の数がちがう。

Step 3 予想テスト ┆ 6章 データの分布と確率

20分 ／50点 目標 40点

❶ 16 人の生徒が漢字テスト（20 点満点）を受けました。下の結果は，16 人の生徒の得点のデータを小さい順に並べたものです。また，下の図は，このデータの分布を箱ひげ図で表したものです。次の問いに答えなさい。ただし，*a*，*b* は自然数とします。考　　18 点（各 6 点）

3, 4, 4, *a*, 8, 8, 9, 9, 10, 12, 12, 13, *b*, 16, 18, 20 （点）

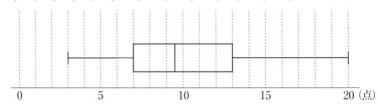

□(1)　*a*，*b* の値を求めなさい。

□(2)　この 16 人の生徒以外に，さらに 2 人の生徒が同じ漢字テストを受けたところ，2 人の得点は 9 点と 17 点でした。次の①〜⑤のうち，2 人の生徒が加わる前後の 2 つのデータで，値が異なるものはどれですか。番号で答えなさい。

① 最大値　　② 最小値　　③ 第 1 四分位数　　④ 中央値　　⑤ 第 3 四分位数

❷ 3 枚の 100 円硬貨を同時に投げるとき，次の確率を求めなさい。知　　18 点（各 6 点）

□(1)　3 枚とも表が出る確率

□(2)　2 枚だけ表が出る確率

□(3)　少なくとも 1 枚は表が出る確率

❸ 次の確率を求めなさい。知　　14 点（各 7 点）

□(1)　A，B，C，D，E の 5 人の中から 2 人を選ぶとき，C が選ばれる確率

□(2)　4 人の女子と 1 人の男子の 5 人の中から 2 人を選ぶとき，女子 2 人が選ばれる確率

❶	(1)	*a*=	*b*=	(2)
❷	(1)		(2)	(3)
❸	(1)		(2)	

❶ ／18点　❷ ／18点　❸ ／14点

［解答 ▶ p.28］

テスト前 ✓ やることチェック表

① まずはテストの目標をたてよう。頑張ったら達成できそうなちょっと上のレベルを目指そう。
② 次にやることを書こう（「ズバリ英語〇ページ，数学〇ページ」など）。
③ やり終えたら□に✔を入れよう。
　　最初に完ぺきな計画をたてる必要はなく，まずは数日分の計画をつくって，
　　その後追加・修正していっても良いね。

目標

	日付	やること1	やること2
2週間前	／	□	□
	／	□	□
	／	□	□
	／	□	□
	／	□	□
	／	□	□
	／	□	□
1週間前	／	□	□
	／	□	□
	／	□	□
	／	□	□
	／	□	□
	／	□	□
	／	□	□
テスト期間	／	□	□
	／	□	□
	／	□	□
	／	□	□
	／	□	□

キリトリ線

数学2年　日本文教版

QRコードのページに登録すると，「ぴたリンク」からも表をダウンロードできるよ

テスト前 ☑ やることチェック表

① まずはテストの目標をたてよう。頑張ったら達成できそうなちょっと上のレベルを目指そう。
② 次にやることを書こう（「ズバリ英語〇ページ，数学〇ページ」など）。
③ やり終えたら□に✔を入れよう。
　最初に完ぺきな計画をたてる必要はなく，まずは数日分の計画をつくって，
　その後追加・修正していっても良いね。

目標

	日付	やること1	やること2
2週間前	／	☐	☐
	／	☐	☐
	／	☐	☐
	／	☐	☐
	／	☐	☐
	／	☐	☐
	／	☐	☐
1週間前	／	☐	☐
	／	☐	☐
	／	☐	☐
	／	☐	☐
	／	☐	☐
	／	☐	☐
	／	☐	☐
テスト期間	／	☐	☐
	／	☐	☐
	／	☐	☐
	／	☐	☐
	／	☐	☐

日本文教版 数学 2 年 | 定期テスト ズバリよくでる | 解答集

1章 式の計算

1節 文字式の計算

p.3-4 **Step 2**

❶ (1) 単項式　2次式　　　(2) 多項式　3次式
(3) 多項式　2次式

解き方 多項式では，各項の次数のうち最も大きいものを次数という。

(2) $ab^2 = a \times b \times b$ なので，次数は 3。

(3) $-x^2 = -1 \times x \times x$ なので，次数は 2。

❷ (1) $-2a + 3b$　　　　(2) $8x^2 - 3x$

解き方 同類項をまとめるときは，項を並べかえると，計算しやすくなる。

(2) $3x^2 - 2x + 5x^2 - x$
$= 3x^2 + 5x^2 + (-2x) + (-x)$
$= (3+5)x^2 + \{(-2) + (-1)\}x$
$= 8x^2 + (-3x) = 8x^2 - 3x$

❸ (1) $9a - 5b$　　　　(2) $7x^2 + x - 4$
(3) $6a^2 - ab - 6b^2$　　(4) $-3x^2 - 5x + 2$

解き方 (2) $3x^2 + 4x^2 - 2x + 3x - 6 + 2$
$= (3+4)x^2 + (-2+3)x + (-6+2)$
$= 7x^2 + x - 4$

(3) $(7-1)a^2 + (-5+4)ab + (-4-2)b^2$
$= 6a^2 - ab - 6b^2$

(4) $(-5+2)x^2 + (-2-3)x + (6-4)$
$= -3x^2 - 5x + 2$

❹ (1) $6a + 6b$　　　　(2) $-3x^2 + 2x - 3$
(3) $3a - 4$　　　　　(4) $-3a - 3b + 6$

解き方 (2) $2x^2 + 3 - 5x^2 + 2x - 6$
$= -3x^2 + 2x - 3$

(3) $a^2 + 2a - 3 - a^2 + a - 1$
$= (1-1)a^2 + (2+1)a + (-3-1) = 3a - 4$

(4) $(2-5)a + (-1-2)b + (3+3) = -3a - 3b + 6$

❺ (1) $8a + 20b$　　　　(2) $-6x + 12y$
(3) $a - 2b + 3$　　　　(4) $2x - y + 3$

解き方 (2) $-3 \times 2x + (-3) \times (-4y)$
$= -6x + 12y$

(4) $(-4x + 2y - 6) \times \left(-\dfrac{1}{2}\right)$
$= -4x \times \left(-\dfrac{1}{2}\right) + 2y \times \left(-\dfrac{1}{2}\right) + (-6) \times \left(-\dfrac{1}{2}\right)$
$= 2x - y + 3$

❻ (1) $9a - 2b$　　　　(2) $5x + 4y$
(3) $4a + b$　　　　　(4) $2x - 5y + 17$
(5) $\dfrac{19x + y}{6}$　　　　(6) $-\dfrac{5}{12}b$

解き方 (3) $2(3a + 2b) - (6a + 9b) \times \dfrac{1}{3}$
$= 6a + 4b - 2a - 3b = 4a + b$

(5) $\dfrac{3(3x + y)}{6} + \dfrac{2(5x - y)}{6} = \dfrac{19x + y}{6}$

❼ (1) $-20x^2y$　　(2) $-3a^3$　　(3) $-4x$
(4) $3b$　　　(5) $5x^2y^2$　　(6) $-27x$
(7) a^3b^2　　　(8) $-2a$

解き方 (2) $(-3) \times a \times a^2 = -3a^3$

(6) $(-3x^2) \times \dfrac{9}{x} = -\dfrac{3x^2 \times 9}{x} = -27x$

(8) $\dfrac{5}{3}a^2b \times \left(-\dfrac{6}{5ab}\right) = -\dfrac{5a^2b \times 6}{3 \times 5ab} = -2a$

❽ (1) $2y^2$　　　　　　(2) $-5ab^2$

解き方 (2) $-\dfrac{2a^2b \times 25b^2}{10ab} = -5ab^2$

❾ (1) -16　　　　　(2) 16

解き方 (1) 式を簡単にすると，$-4x^2$
$\rightarrow -4 \times (-2)^2 = -16$

(2) 式を簡単にすると，$x + 6y$
$\rightarrow (-2) + 6 \times 3 = 16$

2節 文字式の活用

p.6-7 **Step 2**

❶ ① 8 　　② 20 　　③ 真ん中

　④ $x-7$ 　⑤ $x+7$ 　⑥ x

解き方 縦に並んだ３つの数は，１週間おきの日づけ
を表す数だから，7ずつ大きくなる。

真ん中の数をxとすると，3つの数は，$x-7$，x，
$x+7$ と表せることから，

$$(x-7+x+x+7)\div3=3x\div3=x$$

❷ ① $2m+1$ 　② $2n+1$ 　③ $m-n$

　④ 整数

解き方 $m>n$ より2つの奇数は，大きい順に，
$2m+1$，$2n+1$ と表せることから，差は，

$$(2m+1)-(2n+1)=2m+1-2n-1$$
$$=2m-2n$$
$$=2(m-n)$$

❸ (1) 3（でわり切れる）

　(2) ① $10x+5$ 　　② $x-1$

　　③ 3 　　　　　　④ $3x+2$

解き方 いくつか調べてわかることは予想であって，
「いつも」成り立つわけではない。

文字を使うと，その文字は条件に合うすべての数を
代表しているので，文字を使った説明で成り立てば，
「いつも」成り立つことになる。

(1) $15-(1-1)=15$，$25-(2-1)=24$，

$35-(3-1)=33$ より，これらをわり切る１以外の自
然数は３だけである。

(2) 十の位の数がx，一の位の数が5だから，この2け
たの自然数は，$10x+5$

十の位の数より１小さい数は，$x-1$

$$(10x+5)-(x-1)=10x+5-x+1$$
$$=9x+6$$
$$=3(3x+2)$$

ある自然数が３でわり切れるためには，

　$3\times$（自然数）

の形で表されなければならないから，
$3x+2$ が自然数であることを確かめておく。

❹ (1) $y=\dfrac{70-x}{2}$ $\left(35-\dfrac{x}{2}, -\dfrac{1}{2}x+35\right)$

　(2) $r=-\dfrac{\ell}{2}+1$ $\left(\dfrac{2-\ell}{2}\right)$

　(3) $c=4d-a-b$

　(4) $y=\dfrac{6-3x}{2}$ $\left(3-\dfrac{3}{2}x, -\dfrac{3}{2}x+3\right)$

解き方 (1) $x+2y=70$

$\qquad\quad 2y=70-x$ 　$\rbrace$ xを移項する。

$\qquad\quad\ y=\dfrac{70-x}{2}$ 　$\rbrace$ 両辺を2でわる。

(2) 　　　$\ell=2(1-r)$ 　$\rbrace$ 両辺を入れかえる。

$\quad 2(1-r)=\ell$ 　　　$\rbrace$ 両辺を2でわる。

$\qquad 1-r=\dfrac{\ell}{2}$ 　　$\rbrace$ 1を移項する。

$\qquad\ \ -r=\dfrac{\ell}{2}-1$ 　$\rbrace$ 両辺に -1 をかける。

$\qquad\quad\ r=-\dfrac{\ell}{2}+1$

注 $2(1-r)=2-2r$ だから，

$$\ell=2-2r \rightarrow 2r=2-\ell \rightarrow r=\dfrac{2-\ell}{2}$$

と変形してもよい。

(3) 　　　$d=\dfrac{a+b+c}{4}$ 　$\rbrace$ 両辺に4をかける。

$\qquad 4d=a+b+c$ 　　$\rbrace$ 両辺を入れかえる。

$\ a+b+c=4d$ 　　　　$\rbrace$ a，bを移項する。

$\qquad\quad\ c=4d-a-b$

(4) 両辺に6をかけて，係数を整数にする。

$\quad \dfrac{x}{2}+\dfrac{y}{3}=1$ 　　$\rbrace$ 両辺に6をかけて，係数を整数にする。

$\quad 3x+2y=6$ 　　　$\rbrace$ $3x$を移項する。

$\qquad\ 2y=6-3x$ 　$\rbrace$ 両辺を2でわる。

$\qquad\ \ y=\dfrac{6-3x}{2}$

❺ $h=\dfrac{3V}{\pi r^2}$ 　　$h=7$

解き方 円錐の体積は，$\dfrac{1}{3}\times$（底面積）$\times$（高さ）

これにあてはめて，$V=\dfrac{1}{3}\pi r^2 h$

h について解くと，$h=\dfrac{3V}{\pi r^2}$

$V=84\pi$，$r=6$ を代入すると，$h=\dfrac{3\times84\pi}{\pi\times6^2}=7$

p.8-9 **Step 3**

❶ (1) 多項式　1次式　　(2) 単項式　4次式

　(3) 多項式　3次式　　(4) 多項式　2次式

❷ (1) $-a+6b$　　(2) $-6x^2+x$　　(3) $6x-4y$

　(4) $5a-8b$　　(5) $\dfrac{14x+y}{6}$　　(6) $\dfrac{-a+7b}{24}$

　(7) $21ab^2$　　(8) 9

❸ (1) -8　　(2) $-\dfrac{2}{9}$　　(3) -35　　(4) 12

❹ (1) $2m+2$ と $2m+4$

　(2) 例)

　　[予想]　6でわり切れる。

　　[説明]　連続する3つの偶数の最も小さい
　　数を $2m$ とすると，残りは，$2m+2$，$2m+4$
　　と表される。連続する3つの偶数の和は，
　　　$2m+(2m+2)+(2m+4)=6(m+1)$
　　$m+1$ は整数だから，$6(m+1)$ は6でわり
　　切れる。

❺ (1) $b=\dfrac{8-a}{2}$　　　(2) $y=\dfrac{2x-4}{3}$

　(3) $y=\dfrac{z}{7}-x$　　　(4) $b=\dfrac{2S}{h}-a$

　(5) $z=\dfrac{-2y+4x}{3}$

❻ (1) $473-374=99$，$685-586=99$

　　$937-739=198$，$825-528=297$

　これらは，すべて1，3，9，11でわり切れる。
　この中で3より大きい1けたの数は9である。

　(2) 3けたの自然数の百の位の数を x，十の位
　の数を y，一の位の数を z とすると，もとの
　数は $100x+10y+z$，入れかえた数は
　$100z+10y+x$ と表される。
　もとの数と入れかえた数の差は，
　　　$(100x+10y+z)-(100z+10y+x)$
　　$=99x-99z=9(11x-11z)$
　$11x-11z$ は整数だから，$9(11x-11z)$ は
　9の倍数になる。

解き方

❶ (2) $-a^3b=-1\times a\times a\times a\times b$ だから，4次式。

　(3) abc の次数は3，$-8c^2$ の次数は2だから，3次
　式。

❷ (4) $6a-6b-a-2b=5a-8b$

　(5) $\dfrac{2(x+8y)+3(4x-5y)}{6}$

　　$=\dfrac{2x+16y+12x-15y}{6}=\dfrac{14x+y}{6}$

　(6) $\dfrac{4(2a+b)-3(3a-b)}{24}$

　　$=\dfrac{8a+4b-9a+3b}{24}=\dfrac{-a+7b}{24}$

　(8) $6xy^2\times\dfrac{3}{4xy}\times\dfrac{2}{y}=\dfrac{6xy^2\times3\times2}{4xy\times y}=9$

❸ (3) 式を簡単にすると，$3x+9y$

　　$\rightarrow 3\times\dfrac{1}{3}+9\times(-4)=-35$

　(4) 式を簡単にすると，$-9xy$

　　$\rightarrow (-9)\times\dfrac{1}{3}\times(-4)=12$

❹ 連続する偶数は2ずつ大きくなっていくから，最
　も小さい数を $2m$ とすると，連続する3つの偶数は，
　$2m$，$2m+2$，$2m+4$ と表すことができる。

❺ (4) 　　　　$S=\dfrac{1}{2}(a+b)h$

　$\dfrac{1}{2}(a+b)h=S$ 〉両辺を
　　　　　　　　　　　入れかえる。

　　$(a+b)h=2S$ 〉両辺に2をかける。

　　　　$a+b=\dfrac{2S}{h}$ 〉両辺を h でわる。

　　　　　　$b=\dfrac{2S}{h}-a$ 〉a を移項する。

　(5) $\dfrac{x}{3}-\dfrac{z}{4}=\dfrac{y}{6}$

　　$4x-3z=2y$ 〉両辺に12をかける。

　　$-3z=2y-4x$ 〉$4x$ を移項する。

　　　$z=\dfrac{-2y+4x}{3}$ 〉両辺を -3 でわる。

❻ (1) $473-374=99(9\times11)$

　　$937-739=198(9\times22)$

　　$825-528=297(9\times33)$

　などと試して，ここから「3より大きい1けたの自
　然数の倍数」を考える。

　(2) もとの自然数の百の位の数を x，十の位の数を
　y，一の位の数を z とすると，
　もとの数は，$100x+10y+z$
　入れかえた数は，$100z+10y+x$
　$100x+10y+z-(100z+10y+x)$
　$=100x+10y+z-100z-10y-x$
　$=99x-99z=9(11x-11z)$

2章 連立方程式

1節 連立方程式

p.11-12 **Step 2**

❶ ⑦, ⑨

解き方 ⑦ $3\times3-1=8$ だから，解ではない。

⑦ $3\times3-(-1)=10$ だから，解。

⑨ $3\times\left(-\dfrac{10}{3}\right)-(-20)=10$ だから，解。

⑤ $3\times0-10=-10$ だから，解ではない。

❷ ⑤

解き方 それぞれの値を連立方程式に代入して，等式が成り立つものをさがす。

⑦ $8+(-5)=3$ だから，解ではない。

⑦ $-1+14=13$，$3\times(-1)-2\times14=-31$

だから，解ではない。

⑨ $13+0=13$，$3\times13-2\times0=39$ だから，解ではない。

⑤ $9+4=13$，$3\times9-2\times4=19$ だから，解。

❸ (1)⑦ 2つの式の左辺どうし，右辺どうしをたす。

　　　⑦ $10x=30$

(2)⑦ 2つの式の左辺どうし，右辺どうしをひく。

　　　⑦ $-6y=-18$

(3) $\begin{cases}x=3\\y=3\end{cases}$

解き方 (1)⑦ 2つの式の y の係数は -3 と 3 だから，たすと y を消去できる。

⑦ 　　$5x-3y=\ 6$

　　$+)\ 5x+3y=24$

　　　$10x\ \ \ \ \ \ =30$

(2)⑦ 2つの式の x の係数はどちらも 5 だから，ひくと x を消去できる。

⑦ 　　$5x-3y=\ \ \ 6$

　　$-)\ 5x+3y=\ \ 24$

　　　$-6y=-18$

(3) (1)の⑦から，$x=3$　(2)の⑦から，$y=3$

別解 (1)の⑦から，$x=3$ を求めてから，

$x=3$ を $5x+3y=24$ に代入すると，

$5\times3+3y=24$　これを解いて，$y=3$

❹ (1) $\begin{cases}x=3\\y=-6\end{cases}$ 　　(2) $\begin{cases}x=1\\y=3\end{cases}$

(3) $\begin{cases}x=-1\\y=3\end{cases}$ 　　(4) $\begin{cases}x=4\\y=-2\end{cases}$

(5) $\begin{cases}x=5\\y=4\end{cases}$ 　　(6) $\begin{cases}x=3\\y=2\end{cases}$

解き方 (3)～(6)は 1 つの文字の係数の絶対値をそろえてから解く。

上の式を①，下の式を②とする。

(1)①と②の両辺をそれぞれたして，y を消去する。

① 　　　$3x+y=\ \ 3$

② 　$+)\ 2x-y=12$

　　　$5x\ \ \ \ \ \ =15$　　$x=3$

$x=3$ を①に代入すると，$3\times3+y=3$，$y=-6$

(2)①の両辺から②の両辺をそれぞれひいて，x を消去する。

① 　　　$x+4y=13$

② 　$-)\ x+3y=10$

　　　　　$y=\ \ 3$

$y=3$ を①に代入すると，$x+4\times3=13$，$x=1$

(3)①×3 の両辺から②の両辺をそれぞれひいて，x を消去する。

①×3 　　$6x+9y=\ \ \ 21$

② 　　$-)\ 6x-5y=-21$

　　　　　$14y=\ \ \ 42$　　$y=3$

$y=3$ を①に代入すると，$2x+3\times3=7$，$x=-1$

(4)①×2 の両辺と②の両辺をそれぞれたして，y を消去する。

①×2 　　$6x+2y=20$

② 　　$+)\ 5x-2y=24$

　　　　$11x\ \ \ \ \ \ =44$　　$x=4$

$x=4$ を①に代入すると，$3\times4+y=10$，$y=-2$

(5)①×3 　　　$9x+12y=93$

　②×2 　$+)\ 10x-12y=\ \ 2$

　　　　　$19x\ \ \ \ \ \ \ =95$　　$x=5$

$x=5$ を①に代入すると，$3\times5+4y=31$，$y=4$

(6)①×4 　　　$12x-16y=\ \ 4$

　②×3 　$+)\ -12x+15y=-6$

　　　　　　　　$-y=-2$　　$y=2$

$y=2$ を①に代入すると，$3x-4\times2=1$，$x=3$

❺ (1) $\begin{cases} x=5 \\ y=8 \end{cases}$ (2) $\begin{cases} x=3 \\ y=7 \end{cases}$

解き方 上の式を①，下の式を②とする。

文字に多項式を代入するときは，（ ）をつけて代入

する。

(1)①を②に代入すると，$2x-(x+3)=2$

整理すると，$x-3=2$，$x=5$

$x=5$を①に代入すると，$y=5+3=8$

(2)①を②に代入すると，$11x-5(3x-2)=-2$

整理すると，$-4x+10=-2$，$x=3$

$x=3$を①に代入すると，$y=3\times3-2=7$

❻ (1) $\begin{cases} x=7 \\ y=-2 \end{cases}$ (2) $\begin{cases} x=2 \\ y=3 \end{cases}$

(3) $\begin{cases} x=9 \\ y=6 \end{cases}$ (4) $\begin{cases} x=4 \\ y=6 \end{cases}$

(5) $\begin{cases} x=3 \\ y=4 \end{cases}$ (6) $\begin{cases} x=4 \\ y=-7 \end{cases}$

(7) $\begin{cases} x=-3 \\ y=2 \end{cases}$ (8) $\begin{cases} x=4 \\ y=-5 \end{cases}$

解き方 上の式を①，下の式を②とする。

係数を整数だけにしたら，これまでと同様に解く。

(1)①の式のかっこを分配法則を使ってはずすと，

$-x+2y=-11$ ……①′

①′ $\qquad -x+2y=-11$

② $\quad -)\quad 3x+2y=\ \ 17$

$\qquad\qquad -4x\qquad =-28 \qquad x=7$

$x=7$を①′に代入すると，

$-7+2y=-11$，$y=-2$

(2)①の両辺に10をかけると，

$5x+y=13$ ……①′

①′＋②より，$7x=14$，$x=2$

$x=2$を①′に代入すると，

$5\times2+y=13$，$y=3$

(3)①の両辺に6をかけると，

$2x+3y=36$ ……①′

①′×2 $\qquad 4x+6y=72$

② $\qquad -)\ 4x-5y=\ \ 6$

$\qquad\qquad\qquad 11y=66 \qquad y=6$

$y=6$を①′に代入すると，

$2x+3\times6=36$，$x=9$

(4)②の両辺に12をかけると，

$3x-4y=-12$ ……②′

①×4－②′より，$5x=20$，$x=4$

$x=4$を①に代入すると，

$2\times4-y=2$，$y=6$

(5)①の両辺に18をかけると，

$2x+3y=18$ ……①′

①′－②×2より，$y=4$

$y=4$を②に代入すると，

$x+4=7$，$x=3$

(6)②の両辺に14をかけると，

$7x-2y=42$ ……②′

①×2 $\qquad 10x+6y=-2$

②′×3 $\quad +)\ 21x-6y=126$

$\qquad\qquad 31x\qquad =124 \qquad x=4$

$x=4$を①に代入すると，

$5\times4+3y=-1$，$y=-7$

(7) $\begin{cases} 3x+5y=1 & ……① \\ x+2y=1 & ……② \end{cases}$ の形にして解く。

①－②×3より，

$-y=-2$，$y=2$

$y=2$を②に代入すると，

$x+2\times2=1$，$x=-3$

別解 $\begin{cases} 3x+5y=x+2y & ……① \\ x+2y=1 & ……② \end{cases}$

①を整理すると，

$2x+3y=0$ ……①′

①′－②×2より，

$-y=-2$，$y=2$

$y=2$を②に代入すると，$x=-3$

$A=B=C$の形の方程式では，どの組み合わせで連立

方程式を解いても，解は同じになる。

(8) $\begin{cases} x-y=3x+y+2 \\ x-y=-4x-5y \end{cases}$ の形にして解く。

それぞれの式を整理すると，

$\begin{cases} 2x+2y=-2 & ……① \\ 5x+4y=0 & ……② \end{cases}$

①×2－②より，

$-x=-4$，$x=4$

$x=4$を②に代入すると，

$5\times4+4y=0$，$y=-5$

2節 連立方程式の活用

p.14-15　Step 2

❶ (1) $\begin{cases} 4x+6y=4100 \\ 7x+5y=5250 \end{cases}$

(2) 大人 1 人　500 円　　中学生 1 人　350 円

解き方 (1) 表に数量の関係を整理する。

	大人	中学生	合計
1 人の入館料(円)	x	y	
人数(人)	4	6	
代金(円)	$4x$	$6y$	4100

上の表から，$4x+6y=4100$

	大人	中学生	合計
1 人の入館料(円)	x	y	
人数(人)	7	5	
代金(円)	$7x$	$5y$	5250

上の表から，$7x+5y=5250$

(2) $4x+6y=4100$ の両辺を 2 でわると，

　$2x+3y=2050$

$\begin{cases} 2x+3y=2050 & \cdots\cdots① \\ 7x+5y=5250 & \cdots\cdots② \end{cases}$ を解く。

①×5−②×3 より，$-11x=-5500$，$x=500$

$x=500$ を①に代入すると，

　$2\times500+3y=2050$，$y=350$

大人 1 人の入館料を 500 円，中学生 1 人の入館料を 350 円とすると，問題にあう。

❷ (1) $\begin{cases} 120x+100y=860 \\ 90x+70y=620 \end{cases}$

(2) さんま　3 個　　ツナ　5 個

解き方 (1) 重さについて：

さんま 1 個は 120 g なので，x 個の重さは $120x$ g

ツナ 1 個は 100 g なので，y 個の重さは $100y$ g

合計が 860 g になるから，

　$120x+100y=860$

代金について：

さんま 1 個は 90 円なので，x 個の代金は $90x$ 円

ツナ 1 個は 70 円なので，y 個の代金は $70y$ 円

合計が 620 円になるから，

　$90x+70y=620$

(2) $120x+100y=860$ の両辺を 20 でわると，

　$6x+5y=43$

$90x+70y=620$ の両辺を 10 でわると，

　$9x+7y=62$

$\begin{cases} 6x+5y=43 & \cdots\cdots① \\ 9x+7y=62 & \cdots\cdots② \end{cases}$ を解く。

①×3−②×2 より，$y=5$

$y=5$ を①に代入すると，

　$6x+5\times5=43$，$x=3$

さんまを 3 個，ツナを 5 個とすると，問題にあう。

注 係数を簡単にしてから解くと，計算が楽になり，計算ミスも少なくなる。

❸ (1) $\begin{cases} 40y=x+780 \\ 60y=x+1280 \end{cases}$

(2) 列車の長さ　220 m　　秒速　25 m

解き方 (速さ)×(時間)＝(道のり) を使って，関係式をつくる。

(1) 列車が鉄橋をわたるようすを図で表すと，

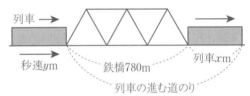

列車が鉄橋をわたり始めてからわたり終わるまでに，列車の進む道のりは，(列車の長さ)＋(鉄橋の長さ) となり，$(x+780)$ m と表すことができる。これは秒速 y m で 40 秒間進んだ道のりに等しいから，

　$40y=x+780$

トンネルの場合も同じように考えて，

　$60y=x+1280$

(2) $\begin{cases} 40y=x+780 & \cdots\cdots① \\ 60y=x+1280 & \cdots\cdots② \end{cases}$

①−② より，$-20y=-500$，$y=25$

$y=25$ を①に代入すると，

　$40\times25=x+780$，$x=220$

列車の長さを 220 m，走る速さを秒速 25 m とすると，問題にあう。

別解 ①を $x=40y-780$ として，代入法で解いてもよい。

❹A町からC町まで　6km
　C町からB町まで　3km

解き方 A町からC町までの道のりを$x$km，C町からB町までの道のりを$y$kmとして，方程式をつくる。数量の関係を表に整理すると，下のようになる。

	A町～C町	C町～B町	A町～B町
道のり(km)	x	y	9
速さ(km/h)	4	6	
時間(時間)	$\dfrac{x}{4}$	$\dfrac{y}{6}$	2

道のりについて：$x+y=9$

時間について：$\dfrac{x}{4}+\dfrac{y}{6}=2$

$\dfrac{x}{4}+\dfrac{y}{6}=2$ の両辺に12をかけると，

　$3x+2y=24$

$\begin{cases} x+y=9 & \cdots\cdots① \\ 3x+2y=24 & \cdots\cdots② \end{cases}$ を解く。

①×2−②より，

　$-x=-6,\ x=6$

$x=6$ を①に代入すると，

　$6+y=9,\ y=3$

A町からC町までの道のりを6km，C町からB町までの道のりを3kmとすると，問題にあう。

注1 道のり，速さ，時間に関する問題はよく出題されるので，しっかり身につけておくとよい。

(時間)$=\dfrac{(道のり)}{(速さ)}$

(道のり)$=(速さ)×(時間)$

(速さ)$=\dfrac{(道のり)}{(時間)}$

注2 速さに関する問題は，図に整理すると，式がつくりやすくなる。

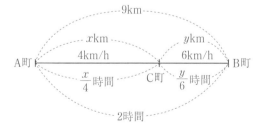

❺(1) $\begin{cases} x+y=300 \\ \dfrac{10}{100}x+\dfrac{5}{100}y=21 \end{cases}$

(2) 男子　132人　　女子　189人

解き方 (1)昨年の人数について：

男子の生徒数はx人で，女子の生徒数はy人だから，全生徒数は$(x+y)$人と表すことができる。

これが300人だから，

　$x+y=300$

今年の増えた人数について：

男子は昨年より10％増えたから，増えた人数は，

$x×\dfrac{10}{100}=\dfrac{10}{100}x（人）$

女子は昨年より5％増えたから，増えた人数は，

$y×\dfrac{5}{100}=\dfrac{5}{100}y（人）$

男女合わせて増えた人数は，$\left(\dfrac{10}{100}x+\dfrac{5}{100}y\right)$人

と表すことができる。

これが全体で7％増えた人数，つまり，

$300×\dfrac{7}{100}=21（人）$になるから，

　$\dfrac{10}{100}x+\dfrac{5}{100}y=21$

(2) $\dfrac{10}{100}x+\dfrac{5}{100}y=21$ の両辺に100をかけると，

　$10x+5y=2100$

この両辺を5でわると，

　$2x+y=420$

$\begin{cases} x+y=300 & \cdots\cdots① \\ 2x+y=420 & \cdots\cdots② \end{cases}$ を解く。

①−②より，$-x=-120,\ x=120$

$x=120$ を①に代入すると，

　$120+y=300,\ y=180$

昨年の男子の生徒数を120人，女子の生徒数を180人とすると，問題にあう。

今年の男子は120人の10％増の人数だから，

　$120×\left(1+\dfrac{10}{100}\right)=132（人）$

今年の女子は180人の5％増の人数だから，

　$180×\left(1+\dfrac{5}{100}\right)=189（人）$

p.16-17 **Step ③**

❶ (1) ㋐ -13　　㋑ 25　　㋒ -2
　　㋓ 9　　㋔ 7　　㋕ -3

　(2) ［解］ $\begin{cases} x=7 \\ y=1 \end{cases}$

　　［理由］ $x+2y$ に $x=7$, $y=1$
　　を代入して計算すると，
　　$7+2×1=9$ となるから。

❷ (1) $\begin{cases} x=3 \\ y=-1 \end{cases}$　(2) $\begin{cases} x=-4 \\ y=5 \end{cases}$　(3) $\begin{cases} x=-1 \\ y=-3 \end{cases}$

　(4) $\begin{cases} x=5 \\ y=-3 \end{cases}$　(5) $\begin{cases} x=-9 \\ y=-2 \end{cases}$　(6) $\begin{cases} x=-1 \\ y=4 \end{cases}$

　(7) $\begin{cases} x=4 \\ y=5 \end{cases}$　(8) $\begin{cases} x=20 \\ y=15 \end{cases}$　(9) $\begin{cases} x=1 \\ y=-1 \end{cases}$

❸ 鉛筆 1 本　120 円　ボールペン 1 本　150 円

❹ 分速 50 m で歩いた道のり　1000 m
　分速 60 m で歩いた道のり　600 m

❺ 男子　160 人　女子　220 人

❻ $a=-1$　$b=2$

解き方

❶ (2) $2x+y=15$ が成り立つことはわかっているので，
　$x+2y=9$ が成り立つことを説明すればよい。

❷ 上の式を①，下の式を②とする。

　(3) ①，②をそれぞれ整理すると，

　　$\begin{cases} 6x-y=-3 & ……① ' \\ 4x+y=-7 & ……② ' \end{cases}$

　　① '＋② ' より，$10x=-10$, $x=-1$
　　$x=-1$ を② ' に代入すると，$y=-3$

　(4) ①，②をそれぞれ整理すると，

　　$\begin{cases} x-2y=11 & ……① ' \\ 2x-y=13 & ……② ' \end{cases}$

　　① '×2−② ' より，$-3y=9$, $y=-3$
　　$y=-3$ を① ' に代入すると，$x=5$

　(6) ①の両辺に 100 をかけると，$2x+5y=18……① '$
　　②の両辺に 10 をかけると，$6x=10-4y$
　　この両辺を 2 でわって，移項すると，
　　$3x+2y=5$　……② '
　　① '×3−② '×2 より，$11y=44$, $y=4$
　　$y=4$ を① ' に代入すると，$x=-1$

　(7) ①の両辺に 6 をかけると，
　　$2x-y=3$　……① '
　　②の両辺に 10 をかけると，
　　$5x-2y=10$　……② '
　　① '×2−② ' より，$-x=-4$, $x=4$
　　$x=4$ を① ' に代入すると，$2×4-y=3$, $y=5$

　(8) ①の両辺に 10 をかけると，
　　$5x+2y=130$　……① '
　　②の両辺に 15 をかけると，
　　$3x-10y=-90$　……② '
　　① '×5＋② ' より，$28x=560$, $x=20$
　　$x=20$ を② ' に代入すると，
　　$3×20-10y=-90$, $y=15$

　(9) $\begin{cases} x+2y-1=-x+3y+2 \\ 2x+4y=-x+3y+2 \end{cases}$ の形にして解く。

　　それぞれの式を整理すると，

　　$\begin{cases} 2x-y=3 & ……① \\ 3x+y=2 & ……② \end{cases}$

　　①＋②より，$5x=5$, $x=1$
　　$x=1$ を②に代入すると，
　　$3×1+y=2$, $y=-1$

❸ 鉛筆 1 本の値段を x 円，ボールペン 1 本の値段を
　y 円とすると，
　　$5x+8y=10x+4y=1800$
　これを解くと，$\begin{cases} x=120 \\ y=150 \end{cases}$

❹ 分速 50 m で歩いた道のりを x m，分速 60 m で歩
　いた道のりを y m とすると，
　　$\begin{cases} x+y=1600 \\ \dfrac{x}{50}+\dfrac{y}{60}=30 \end{cases}$ これを解く。

❺ 昨年参加した男子を x 人，女子を y 人とすると，
　　$\begin{cases} x+y-20=380 \\ -\dfrac{20}{100}x+\dfrac{10}{100}y=-20 \end{cases}$ これを解くと $\begin{cases} x=200 \\ y=200 \end{cases}$

　これから，今年の人数を求める。

❻ 解だから，あたえられた連立方程式に $x=4$, $y=5$
　を代入しても成り立つ。代入すると，
　　$\begin{cases} 4a+5b=6 \\ 4b+5a=3 \end{cases}$ これを解く。

3章 1次関数

1節 1次関数

p.19-20 **Step 2**

❶ (1) $y = \dfrac{40}{x}$ 1次関数ではない。

(2) $y = \dfrac{1}{10}x + 1$ 1次関数である。

(3) $y = \dfrac{x}{15}$ 1次関数である。

解き方 (1) $x \times y = 40$ より，$y = \dfrac{40}{x}$

これは $y = ax + b$ の形にならない。

(2) 1 L に，$\dfrac{1}{10}$ L の x 倍が加えられるから，

$$y = 1 + \dfrac{1}{10}x = \dfrac{1}{10}x + 1$$

(3) (道のり)＝(速さ)×(時間) より，

$$y = 4 \times \dfrac{x}{60} = \dfrac{x}{15} = \dfrac{1}{15}x + 0$$

❷ (1) 4 (2) −3 (3) $\dfrac{5}{6}$

解き方 1次関数 $y = ax + b$ の変化の割合は一定で，その値は x の係数 a に等しい。

❸

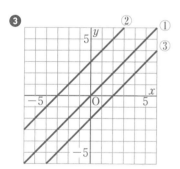

解き方 ② $y = x$ のグラフを，y 軸の正の方向に 3 だけ平行移動した直線をかく。

③ $y = x$ のグラフを，y 軸の正の方向に -2 だけ平行移動した直線をかく。

❹ (1) 傾き 3 切片 4

(2) 傾き −1 切片 −2

(3) 傾き 1 切片 0

解き方 $y = ax + b$ の形で考える。

(2) $y = (-1)x + (-2)$ (3) $y = 1x + 0$

❺

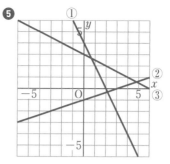

解き方 ① 切片が 4 だから，点 (0，4) を通る。

傾きが -2 だから，点 (0，4) から右へ 1 進むと，下へ 2 進む。

② 切片が -1，傾きが $\dfrac{1}{3}$ だから，点 (0，−1) から右へ 3 進むと，上へ 1 進む。

③ 切片が 3，傾きが $-\dfrac{1}{2}$ だから，点 (0，3) から右へ 2 進むと，下へ 1 進む。

❻ ① $y = -3x + 3$ ② $y = x + 1$

③ $y = -\dfrac{2}{3}x - 2$

解き方 ① 点 (0，3) を通るから切片は 3

右へ 1 進むと下へ 3 進むから，傾きは -3

③ 点 (0，−2) を通るから切片は -2

右へ 3 進むと下へ 2 進むから，傾きは $-\dfrac{2}{3}$

❼ (1) $y = -3x + 6$ (2) $y = x - 2$

(3) $y = 3x - 3$ (4) $y = -2x + 5$

解き方 求める 1次関数の式を $y = ax + b$ とする。

(1) $y = -3x + b$ で，$x = 2$ のとき $y = 0$ だから，

$0 = -3 \times 2 + b$，$b = 6$

(2) 傾き a は，$a = \dfrac{3}{3} = 1$ だから，$y = x + b$

点 (1，−1) を通るから，$-1 = 1 + b$，$b = -2$

(3) $y = ax - 3$ で，点 (2，3) を通るから，

$3 = 2a - 3$，$a = 3$

(4) 傾き a は，$a = \dfrac{1 - 9}{2 - (-2)} = \dfrac{-8}{4} = -2$ だから，

$y = -2x + b$

点 (2，1) を通るから，$1 = -2 \times 2 + b$，$b = 5$

2節 1次方程式と1次関数

p.22-23 **Step 2**

❶
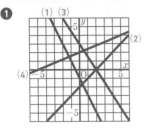

解き方 1次関数 $y=ax+b$ の形に変形して，傾き a と切片 b をもとにしてグラフをかく。

(1) $y=-2x-1$ より，傾き -2，切片 -1

(2) $y=x-2$ より，傾き 1，切片 -2

(3) $y=-\dfrac{3}{2}x+3$ より，傾き $-\dfrac{3}{2}$，切片 3

(4) $y=\dfrac{2}{5}x+2$ より，傾き $\dfrac{2}{5}$，切片 2

❷
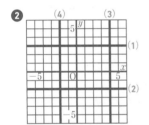

解き方 $y=k$ のグラフは，x 軸に平行な直線，$x=h$ のグラフは，y 軸に平行な直線になる。

(1) $y=3$ より，点 $(0,\ 3)$ を通り，x 軸に平行な直線。

(2) $y=-2$ より，点 $(0,\ -2)$ を通り，x 軸に平行な直線。

(3) $x=4$ より，点 $(4,\ 0)$ を通り，y 軸に平行な直線。

(4) $x=-2$ より，点 $(-2,\ 0)$ を通り，y 軸に平行な直線。

❸ (1) グラフは右の図。

解は $\begin{cases} x=3 \\ y=5 \end{cases}$

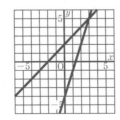

(2) グラフは右の図。

解は $\begin{cases} x=-1 \\ y=0 \end{cases}$

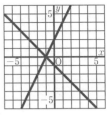

解き方 連立方程式の解は，それぞれの方程式のグラフの交点の x 座標，y 座標の組である。

(1) $y=x+2$ と $y=3x-4$ のグラフをかくと，交点の座標は $(3,\ 5)$ になる。

(2) $y=-x-1$ と $y=2x+2$ のグラフをかくと，交点の座標は $(-1,\ 0)$ になる。

❹ (1) グラフは右の図。

解は $\begin{cases} x=-1 \\ y=4 \end{cases}$

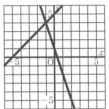

(2) グラフは右の図。

解は $\begin{cases} x=3 \\ y=-2 \end{cases}$

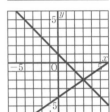

解き方 連立方程式の解は，それぞれの方程式のグラフの交点の x 座標，y 座標の組である。それぞれの方程式を $y=ax+b$ の形に変形して，グラフをかく。

(1) $x-y=-5 \rightarrow y=x+5$

$3x+y=1 \rightarrow y=-3x+1$

$y=x+5$ と $y=-3x+1$ のグラフをかくと，交点の座標は $(-1,\ 4)$ になる。

(2) $2x-3y=12 \rightarrow y=\dfrac{2}{3}x-4$

$x+y=1 \rightarrow y=-x+1$

$y=\dfrac{2}{3}x-4$ と $y=-x+1$ のグラフをかくと，交点の座標は $(3,\ -2)$ になる。

❺(1)$\left(-\dfrac{2}{5}, \dfrac{9}{5}\right)$　　　　(2)$\left(\dfrac{9}{4}, -\dfrac{1}{4}\right)$

解き方 それぞれの直線の式を求めて，それらを連立方程式として解けば，その解が交点の座標の組である。

(1)直線 ℓ の式は $y=-2x+1$　……①

　直線 m の式は $y=\dfrac{1}{2}x+2$　……②

①，②を連立方程式として解く。

$-2x+1=\dfrac{1}{2}x+2$　$-4x+2=x+4$

$-5x=2$, $x=-\dfrac{2}{5}$

$x=-\dfrac{2}{5}$ を①に代入すると，$y=\dfrac{9}{5}$

(2)直線 ℓ の式は $y=-x+2$　……①

　直線 m の式は $y=\dfrac{1}{3}x-1$　……②

①，②を連立方程式として解く。

$-x+2=\dfrac{1}{3}x-1$　$-3x+6=x-3$

$-4x=-9$, $x=\dfrac{9}{4}$

$x=\dfrac{9}{4}$ を①に代入すると，$y=-\dfrac{1}{4}$

❻(1)$\left(\dfrac{9}{5}, \dfrac{8}{5}\right)$　　　　(2)$(2, -3)$

解き方 それぞれの直線の式を求めて，それらを連立方程式として解けば，その解が交点の座標の組である。

(1)直線 ℓ の式は $y=2x-2$　……①

　直線 m の式は $y=\dfrac{1}{3}x+1$　……②

①，②を連立方程式として解く。

$2x-2=\dfrac{1}{3}x+1$　$6x-6=x+3$

$5x=9$, $x=\dfrac{9}{5}$

$x=\dfrac{9}{5}$ を①に代入すると，$y=\dfrac{8}{5}$

(2)直線 ℓ の式は $y=x-5$　……①

　直線 m の式は $y=-\dfrac{1}{2}x-2$　……②

①，②を連立方程式として解く。

$x-5=-\dfrac{1}{2}x-2$　$2x-10=-x-4$

$3x=6$, $x=2$

$x=2$ を①に代入すると，$y=-3$

3節 1次関数の活用

p.25-27　**Step ②**

❶(1)

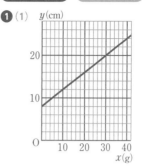

(2)$y=\dfrac{2}{5}x+8$

(3)おもりの重さの増加量に対する，ばねののびの増加量の割合。

(4)おもりをつるしていないときのばね全体の長さ。

(5)35 g

解き方 (2)変化の割合は，

$$\dfrac{12-8}{10-0}=\dfrac{16-12}{20-10}=\dfrac{20-16}{30-20}=\dfrac{24-20}{40-30}=\dfrac{2}{5}$$

よって，

$$y=\dfrac{2}{5}x+8$$

(3)傾きは，変化の割合と同じなので，$\dfrac{(y の増加量)}{(x の増加量)}$ の意味を考える。

(4)切片は，$x=0$ のとき，つまりここでは，おもりをつるしていないときの状態を表す。

(5)$y=\dfrac{2}{5}x+8$ に $y=22$ を代入すると，

$$22=\dfrac{2}{5}x+8, \quad x=35$$

❷ (1) 式　$y=8x$　　変域　$0\leqq x\leqq 4$

　　　式　$y=-8x+64$　　変域　$4\leqq x\leqq 8$

(2) 3秒後と5秒後

解き方 △ABC は直角二等辺三角形だから，

BA＝BC＝8 cm

(1) 点 P が，辺 AB 上を動く場合と，辺 BC 上を動く場合とで，変域を分ける。

点 P の秒速が 2 cm だから，点 P が辺 AB 上を A から B まで動くのに 4 秒かかり，辺 BC 上を B から C まで動くのに 4 秒かかる。

これより，$0\leqq x\leqq 4$ と $4\leqq x\leqq 8$ に分ける。

$0\leqq x\leqq 4$ のとき，△APC は，底辺を AP＝$2x$ cm，高さを CB＝8 cm とみることができるから，面積は，

$$\frac{1}{2}\times 2x\times 8=8x\,(\mathrm{cm}^2)$$

$4\leqq x\leqq 8$ のとき，△APC は，底辺を PC，高さを AB＝8 cm とみることができる。このとき，点 P は A から C までの道のり 16 cm を，$2x$ cm まで進んだと考えると，

　　PC＝$(16-2x)$ cm

△APC の面積は，

$$\frac{1}{2}\times(16-2x)\times 8$$

$$=-8x+64\,(\mathrm{cm}^2)$$

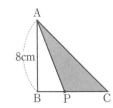

別解 $4\leqq x\leqq 8$ のとき，

△APC の面積は，△ABC の面積から △ABP の面積をひけばよいので，

△ABC の面積は，$\frac{1}{2}\times 8\times 8=32\,(\mathrm{cm}^2)$

△ABP の面積は，$\frac{1}{2}\times AB\times BP$

$$=\frac{1}{2}\times 8\times(2x-8)$$

$$=8x-32\,(\mathrm{cm}^2)$$

よって，△APC の面積は，

$$32-(8x-32)=-8x+64\,(\mathrm{cm}^2)$$

(2) 点 P が B にあるとき，面積は最大 32 cm² となるから，面積が 24 cm² となるのは，点 P が B を通過する前と後の 2 回ある。

$y=8x$ に $y=24$ を代入すると，$24=8x$，$x=3$

$y=-8x+64$ に $y=24$ を代入すると，

　　$24=-8x+64$，$x=5$

❸ (1) 式　$y=5x+15$　　変域　$0\leqq x\leqq 9$

(2)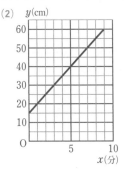

(3) 36 cm　　　　　(4) 2 分 12 秒後

解き方 (1) はじめの水の深さは，$300\div 20=15\,(\mathrm{cm})$ で，1 分間に，$100\div 20=5\,(\mathrm{cm})$ ずつ深さが増していくから，$y=5x+15$

水そうが満水になるまでに，$(60-15)\div 5=9\,(分)$ かかるから，変域は，$0\leqq x\leqq 9$

(3) 4 分 12 秒 ＝ $\frac{21}{5}$ 分 より，$y=5x+15$ に

$x=\frac{21}{5}$ を代入して計算する。

(4) $y=5x+15$ に $y=26$ を代入すると，

$26=5x+15$，$x=\frac{11}{5}$　　$\frac{11}{5}$ 分 ＝ 2 分 12 秒

❹ (1) $y=\frac{1}{15}x$

(2) 式　$y=4$　　変域　$0\leqq x\leqq 20$

　　式　$y=-\frac{1}{10}x+6$　　変域　$20\leqq x\leqq 60$

(3) 2500 m　　(4) 36 分後　1600 m

解き方 (1) 傾きは，$\frac{4}{60}=\frac{1}{15}$

(2) $20\leqq x\leqq 60$ のとき，$y=ax+b$ とすると，

$a=\dfrac{0-4}{60-20}=-\dfrac{1}{10}$　　$y=-\dfrac{1}{10}x+b$ に

$x=60$，$y=0$ を代入して b の値を求める。

(3) $x=21$ だから，$20\leqq x\leqq 60$ で考えると，

$$-\frac{1}{10}\times 21+6-\frac{1}{15}\times 21=\frac{5}{2}\,(\mathrm{km})$$

(4) $\begin{cases} y=\dfrac{1}{15}x \\ y=-\dfrac{1}{10}x+6 \end{cases}$　を解くと，$\begin{cases} x=36 \\ y=\dfrac{12}{5} \end{cases}$

駅からの地点なので，$4-\dfrac{12}{5}=\dfrac{8}{5}\,(\mathrm{km})$

❺(1) 式　$y=-\dfrac{1}{4}x+16$　　変域　$0\leqq x\leqq20$

(2)　y(cm)

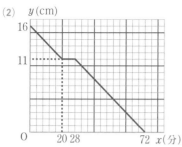

式と変域　$y=11$　$(20\leqq x\leqq28)$

$$y=-\dfrac{1}{4}x+18\quad(28\leqq x\leqq72)$$

解き方 (1) 傾きは,

$$\dfrac{11-16}{20-0}=-\dfrac{1}{4}$$

切片は 16

(2) 火を消している 20 分後から 28 分後までの間
$(20\leqq x\leqq28)$は, ろうそくの長さは変化しないで 11 cm
のままだから, グラフは直線 $y=11$ である。

したがって, 点 $(20,\ 11)$ から点 $(28,\ 11)$ まで, x 軸
に平行な直線をかく。

28 分後からは, ろうそくはふたたび短くなっていき,
その割合は, はじめの 20 分間と同じである。つまり,
グラフの傾きは $-\dfrac{1}{4}$

直線の式を $y=-\dfrac{1}{4}x+b$ とすると,

点 $(28,\ 11)$ を通るから,

$$11=-\dfrac{1}{4}\times28+b,\ b=18$$

直線の式は $y=-\dfrac{1}{4}x+18$

この式に $y=0$ を代入すると,

$$0=-\dfrac{1}{4}x+18,\ x=72$$

したがって, 点 $(28,\ 11)$ と点 $(72,\ 0)$ を直線で結べば,
グラフは完成する。このとき, x の変域は,
$28\leqq x\leqq72$

別解 点 $(28,\ 11)$ から x 軸と交わるまで, 傾き $-\dfrac{1}{4}$
の直線をかくことから, x 軸との交点の x 座標を求
めてもよい。

❻(1)　y(円)

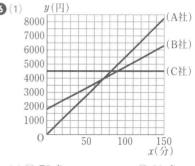

(2)① 72 分　　　　② 90 分

(3)① $x>90$　　　② $72<x<\dfrac{900}{11}$

解き方 (1) A 社：基本使用料はないので, 電話料金
y は通話時間 x に比例する。

したがって, x と y の関係を表す式は, $y=55x$

このグラフは, 原点を通り, 傾きが 55 の直線である。

B 社：電話料金は, 1800 円 ＋30 円×(通話時間)

したがって, x と y の関係を表す式は,

$$y=30x+1800$$

このグラフは, 切片が 1800, 傾きが 30 の直線である。

C 社：電話料金は, 通話時間にかかわらず常に 4500
円。したがって, x と y の関係を表す式は,　.

$$y=4500$$

このグラフは, 点 $(0,\ 4500)$ を通り, x 軸に平行な直
線である。

(2)① 直線 $y=55x$ と直線 $y=30x+1800$ の交点の x
　座標が, 求める通話時間なので,

$$55x=30x+1800,\ x=72$$

　② 直線 $y=30x+1800$ と直線 $y=4500$ の交点の x
　座標が, 求める通話時間なので,

$$30x+1800=4500,\ x=90$$

(3) (1)でかいた 3 つのグラフを見て, ①, ②にあては
まる範囲を考える。

　② A 社と C 社の電話料金が同額になる通話時間は,
直線 $y=55x$ と直線 $y=4500$ の交点の x 座標で求
められる。

$$55x=4500,\ x=\dfrac{900}{11}$$

これと, (2)の①で求めた交点の x 座標を使って,
不等号で表す。

13

❶ ②，③，⑤，⑥

❷ ①㋓　　　②㋐　　　③㋔　　　④㋑

❸ (1) $y=-\dfrac{3}{4}x+3$　　(2) $y=3x+6$

　　(3) $y=-\dfrac{1}{2}x-1$　　(4) $y=\dfrac{1}{5}x+7$

❹ (1) $\begin{cases}x=4\\y=-2\end{cases}$

　　(2) $\begin{cases}x=0\\y=1\end{cases}$

　　(3) $\begin{cases}x=-4\\y=-4\end{cases}$

❺ (1) $\left(-\dfrac{2}{3},\ -4\right)$　　(2) $(6,\ -4)$

　　(3) $(-2,\ 4)$　　　　(4) $(-6,\ -12)$

❻ (1) AB 上

　　$y=3x$　　$(0\leqq x\leqq 6)$

　　BC 上

　　$y=18$　　$(6\leqq x\leqq 12)$

　　CD 上

　　$y=-3x+54$　　$(12\leqq x\leqq 18)$

　　(2)

　　(3) 5 秒後，13 秒後

解き方

❶ ①，④は x の 1 次式ではない。

❷ ①と③は切片が -3 なので，㋓または㋔

　①の方が③より傾きが大きいから，①は㋓，③は㋔

　②と④は切片が 4 なので，㋐または㋑または㋒

　②と④は傾きが負の値で，傾きの絶対値は，②の方が④より小さいから，②は㋐，④は㋑

❸ (3)傾きは，$\dfrac{-3-1}{4-(-4)}=-\dfrac{1}{2}$ だから，

　$y=-\dfrac{1}{2}x+b$ として $x=-4$，$y=1$ を代入すると，

　$1=-\dfrac{1}{2}\times(-4)+b$，$b=-1$

❹ それぞれの式を $y=ax+b$ の形に変形する。

　$y=\dfrac{1}{4}x-3\cdots$①，$y=-\dfrac{3}{4}x+1\cdots$②，$y=\dfrac{5}{4}x+1\cdots$③

　の 3 つのグラフをかけば，(1)の解は①と②，(2)の解は②と③，(3)の解は③と①の交点。

❺ 求める直線の式を $y=ax+b$ とする。

　① 切片は 2 だから，$y=ax+2$ で，$x=2$ のとき

　$y=0$ だから，$0=a\times2+2$，$a=-1$

　② 傾き a は，$a=\dfrac{0-(-4)}{(-3)-(-4)}=4$ だから，

　$y=4x+b$　点 $(-3,\ 0)$ を通るから，

　　$0=4\times(-3)+b$，$b=12$

　③ $y=ax-3$ で，点 $(2,\ 0)$ を通るから，

　　$0=a\times2-3$，$a=\dfrac{3}{2}$

　④ 点 $(0,\ -4)$ を通り，x 軸に平行な直線だから，

　　$y=-4$

2 直線の交点の座標は，連立方程式の解で求められるから，それぞれについて連立方程式として解く。

❻ (1)点 P は各辺上を 6 秒間で通過するから，

辺 AB 上の場合は $0\leqq x\leqq 6$，辺 BC 上の場合は

$6\leqq x\leqq 12$，辺 CD 上の場合は $12\leqq x\leqq 18$

辺 AB 上の場合：

　$\triangle\mathrm{APD}=\dfrac{1}{2}\times\mathrm{AD}\times\mathrm{AP}=3x\,(\mathrm{cm}^2)$

辺 BC 上の場合：

　$\triangle\mathrm{APD}=\dfrac{1}{2}\times\mathrm{AD}\times\mathrm{AB}=18\,(\mathrm{cm}^2)$

辺 CD 上の場合：

　$\triangle\mathrm{APD}$

　$=\dfrac{1}{2}\times\mathrm{AD}\times\mathrm{DP}$

　$=\dfrac{1}{2}\times6\times(18-x)$

　$=-3x+54\,(\mathrm{cm}^2)$

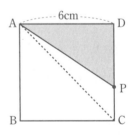

別解 辺 CD 上の場合：

　$\triangle\mathrm{APD}=\triangle\mathrm{ACD}-\triangle\mathrm{ACP}$

　$=\dfrac{1}{2}\times6\times6-\dfrac{1}{2}\times6\times(x-12)=-3x+54\,(\mathrm{cm}^2)$

(3)正方形 ABCD の面積の $\dfrac{5}{12}$ は，

　$6\times6\times\dfrac{5}{12}=15\,(\mathrm{cm}^2)$

点 P が辺 AB 上と辺 CD 上にあるときの 2 回，

$y=15$ になるから，$y=3x$ と $y=-3x+54$ のそれぞれに代入する。

　$15=3x$，$x=5$

　$15=-3x+54$，$x=13$

なお，(2)でかいたグラフからもよみとれる。

4章 図形の性質と合同

1節 角と平行線

p.31 **Step 2**

❶(1) $\angle x=70°$　　$\angle y=80°$　　$\angle z=30°$

(2) $\angle x=30°$　　$\angle y=120°$　　$\angle z=60°$

解き方 対頂角，同位角，錯角の位置にある角を見つける。また，1直線となる角の大きさは$180°$であることも使う。

(1) 対頂角だから，$\angle x=70°$

$180°-100°=80°$と，$100°$の角の同位角を図にかき入れると，

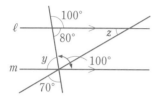

この図から，平行線の錯角だから，$\angle y=80°$

$70°+(\angle z$の錯角$)=100°$になるので，

$\qquad \angle z=100°-70°$

$\qquad\quad =30°$

(2) 平行線の錯角だから，$\angle x=30°$

次の図のようにℓ，mに平行な直線をひくと，

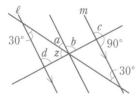

平行線の錯角だから，$\angle a=30°$

平行線の同位角だから，$\angle b=\angle c=90°$

よって，$\angle y=\angle a+\angle b=30°+90°=120°$

$\qquad \angle z=180°-120°=60°$

別解 $\angle z$を求めてから$\angle y$を求める。

平行線の同位角だから，$\angle d=\angle c=90°$

三角形の内角の和は$180°$だから，

$\qquad \angle z+30°+90°=180°$

$\qquad \angle z=60°$

$\angle y+\angle z=180°$だから，

$\qquad \angle y=180°-60°$

$\qquad\quad =120°$

❷(1) $\angle x=65°$　　$\angle y=50°$

(2) $\angle x=75°$　　$\angle y=60°$

解き方 (1) 次の図のようにA〜Dとする。

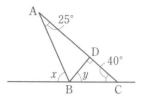

$\angle x$は$\triangle ABC$の外角だから，

$\qquad \angle x=25°+40°=65°$

$\triangle BCD$の内角の和は$180°$だから，

$\qquad \angle y+90°+40°=180°$　$\angle y=50°$

(2) $\angle x$は2つの三角形の共通の外角だから，

$\qquad 45°+30°=\angle x=\angle y+15°$

$\qquad \angle x=75°$　　$\angle y=75°-15°=60°$

❸(1) $1260°$　　　　　　　(2) $144°$

解き方 (1) $180°\times(9-2)=1260°$

(2) 正十角形の内角の和は，

$\qquad 180°\times(10-2)=1440°$

よって，1つの内角は，

$\qquad 1440°\div10=144°$

別解 正十角形の外角の和は$360°$で，外角はすべて等しいから，1つの外角は，

$360°\div10=36°$　よって，1つの内角は，

$180°-36°=144°$

❹(1) $45°$　　　　　　　(2) 5本

解き方 (1) 外角の和は$360°$で，外角はすべて等しいから，1つの外角は，

$\qquad 360°\div8=45°$

(2) 内角はすべて$108°$だから，各頂点における外角はすべて，$180°-108°=72°$

多角形の外角の和は$360°$だから，この正多角形の頂点の数は，$360°\div72°=5$(個)

つまり，正五角形なので辺の数は5本。

別解 n角形の内角の和を求める式から，

$\qquad 108n=180(n-2)$

$\qquad 3n=5(n-2)$

$\qquad n=5$

2節 三角形の合同と証明

p.33-35　Step 2

❶ (1) 辺 PQ　6 cm

　　　∠A＝95°

　(2) ∠B＝110°

　(3) 右の図

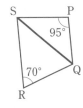

解き方 四角形 ABCD≡四角形 PQRS だから，頂点 A と頂点 P，頂点 B と頂点 Q，頂点 C と頂点 R，頂点 D と頂点 S が対応する。

(1) 辺 PQ には辺 AB が対応するから，6 cm

∠A には ∠P が対応するから，95°

(2) ∠B には ∠Q が対応する。∠S には ∠D が対応して，∠S＝85°

四角形 PQRS の内角の和は 360° だから，

　∠Q＝360°－(70°＋85°＋95°)

　　　＝110°

(3) 2 つの線分は，両端の点が重なれば，線分全体が重なるから，対角線 BD の両端の点 B，D に対応する点 Q，S を結べば，対角線 BD に対応する対角線になる。

❷ △ABC≡△KLJ

　1 組の辺とその両端の角がそれぞれ等しい。

　△DEF≡△QRP

　3 組の辺がそれぞれ等しい。

　△GHI≡△ONM

　2 組の辺とその間の角がそれぞれ等しい。

解き方 △ABC と △KLJ は，

　BC＝7 cm　∠B＝30°　∠C＝60°

　LJ＝7 cm　∠L＝30°　∠J＝60°

より，1 組の辺とその両端の角がそれぞれ等しい。

△DEF と △QRP は，

　DE＝7 cm　EF＝6 cm　FD＝4 cm

　QR＝7 cm　RP＝6 cm　PQ＝4 cm

より，3 組の辺がそれぞれ等しい。

△GHI と △ONM は，

　GH＝7 cm　IH＝6 cm　∠H＝30°

　ON＝7 cm　MN＝6 cm　∠N＝30°

より，2 組の辺とその間の角がそれぞれ等しい。

❸ △ABE≡△DEC

　（または，△ABE≡△DCE）

　2 組の辺とその間の角がそれぞれ等しい。

　△CFE≡△EGC

　（または，△CFE≡△ECG）

　1 組の辺とその両端の角がそれぞれ等しい。

解き方 正五角形の基本的な性質を使う。

●辺の長さはすべて等しい。

●内角の大きさはすべて等しい。

●外角の大きさはすべて等しい。

△ABE と △DEC において，

　AB＝DE　　　AE＝DC

　∠BAE＝∠EDC

△CFE と △EGC において，

　CE＝EC　　　∠CEF＝∠ECG

　∠FCD＝∠GED（正五角形の 1 つの外角）

より，∠ECF＝∠CEG

注 △DCE，△ECG は裏返しても，それぞれ △ABE，△CFE と重ねることができる。これらを記号を使って表すときは，それぞれ頂点 A と頂点 D の並ぶ位置，頂点 C と頂点 E の並ぶ位置が同じであればよい。

❹ (1) 仮定　AB＝AD，BC＝DC

　　　結論　∠BAC＝∠DAC

　(2) 合同な三角形　△ABC≡△ADC

　　　合同条件　3 組の辺がそれぞれ等しい。

解き方 (2) ∠BAC＝∠DAC であるためには，△ABC≡△ADC を証明する。

　△ABC と △ADC において，

仮定から，AB＝AD，BC＝DC

AC は共通

3 組の辺がそれぞれ等しいので，

△ABC≡△ADC　よって，∠BAC＝∠DAC

❺ ① △BDP

　② AP＝BP，CP＝DP，

　　　∠APC＝∠BPD

　③ 2 組の辺とその間の角

　④ 角の大きさ

解き方 △ACP≡△BDP を示すことができれば，対応する角の大きさから ∠A＝∠B を導くことができる。

❻ △ACP と △BDP において,

仮定から, AP＝BP ……①

CP＝DP ……②

対頂角は等しいから,

∠APC＝∠BPD ……③

①, ②, ③より, 2組の辺とその間の角がそれぞれ等しいから,

△ACP≡△BDP

合同な図形の対応する角の大きさは等しいから,

∠A＝∠B

解き方 ❺のことがらが正しいことを証明するには, 仮定から結論を導くために, 対頂角の性質, 三角形の合同条件, 合同な図形の性質を根拠として使う。

注 △ACP と △BDP とが合同であることを証明するときには, 最初に「△ACP と △BDP において」と記述してからはじめる。

また, 結論の「△ACP≡△BDP」とかく前には, 三角形の合同条件のどれを使うのかを, 文章できちんとかいておく。合同条件の文章表現はしっかり覚えておくとよい。

● 3組の辺がそれぞれ等しい。

● 2組の辺とその間の角がそれぞれ等しい。

● 1組の辺とその両端の角がそれぞれ等しい。

❼ ㋐ BOD ㋑ 共通

㋒ 2組の辺とその間の角がそれぞれ等しい

㋓ ∠A ㋔ ∠B

解き方 △AOC≡△BOD を示すことができれば, 対応する角の大きさから, ∠A＝∠B を導くことができる。したがって, その流れにそって, 証明を完成させる。

証明 △AOC と △BOD において,

仮定から, OA＝OB ……①

OC＝OD ……②

また, ∠O は共通 ……③

①, ②, ③より, 2組の辺とその間の角がそれぞれ等しいから,

△AOC≡△BOD

合同な図形の対応する角の大きさは等しいから,

∠A＝∠B

❽ △ADM と △ECM において,

仮定から, DM＝CM ……①

平行線の錯角は等しいから, AD∥BE より,

∠ADM＝∠ECM ……②

対頂角は等しいから,

∠AMD＝∠EMC ……③

①, ②, ③より, 1組の辺とその両端の角がそれぞれ等しいから,

△ADM≡△ECM

合同な図形の対応する辺の長さは等しいから,

AM＝EM

解き方 AM＝EM を証明したいので, AM, EM をそれぞれ辺にもつ, 合同になりそうな三角形をさがす。すると, あたえられた図から, △ADM と △ECM に着目することになる。

次に, 合同条件のどれが使えそうかを考える。

条件の DM＝CM と, 対頂角から, ∠AMD＝∠EMC はすぐわかるので,「2組の辺とその間の角」または「1組の辺とその両端の角」のどちらかとなるが,

AM＝EM は証明したいことなので, これは使えない。

したがって, ∠ADM＝∠ECM を示すことを考えて, この2角が平行線の錯角になっていることに目をつける。

❾ △PMC と △QBM において,

仮定から, MC＝BM ……①

平行線の同位角は等しいから, PM∥AB より,

∠PMC＝∠QBM ……②

同じようにして, AC∥QM より,

∠PCM＝∠QMB ……③

①, ②, ③より, 1組の辺とその両端の角がそれぞれ等しいから,

△PMC≡△QBM

合同な図形の対応する辺の長さは等しいから,

PM＝QB

解き方 PM＝QB を証明するために,

△PMC≡△QBM を示す。PM∥AB だから, 平行線の性質を使うと, ∠PMC と ∠QBM は同位角になっていて, 等しいといえる。同じように, AC∥QM だから, 平行線の性質から, ∠PCM と ∠QMB は同位角になっていて, 等しいといえる。

▶本文 p.36-37

p.36-37 **Step 3**

❶ (1) $\angle x = 100°$ (2) $\angle x = 110°$

  (3) $\angle x = 95°$ (4) $\angle x = 105°$

  (5) $\angle x = 50°$ (6) $\angle x = 80°$

❷ (1) 180° 大きい   (2) 十角形

  (3) 15 本   (4) 九角形

❸ (1) AC＝PR　3 組の辺がそれぞれ等しい。

    ∠B＝∠Q　2 組の辺とその間の角がそれぞ
    れ等しい。

  (2) AB＝PQ　2 組の辺とその間の角がそれぞれ
    等しい。

    ∠C＝∠R　1 組の辺とその両端の角がそれ
    ぞれ等しい。

❹ ㋐ BD＝DB   ㋑ 3 組の辺

  ㋒ ∠CDB   ㋓ 錯角が等しい

❺ △ABD と △CBD において，

  仮定から，BD は共通　　　……①

         ∠ABD＝∠CBD　　……②

  ∠A＝∠C だから，

         ∠BDA＝180°－(∠A＋∠ABD)

              ＝180°－(∠C＋∠CBD)

              ＝∠BDC　　……③

  ①，②，③より，1 組の辺とその両端の角がそ
  れぞれ等しいから，

         △ABD≡△CBD

  合同な図形の対応する辺の長さは等しいから，

         DA＝DC

解き方

❶ (1)
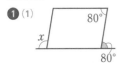
(2)
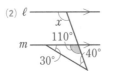

(3)
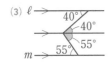
(4)
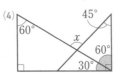

(5)
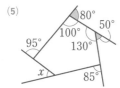
(6)
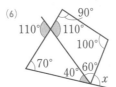

❷ (1) 内角の和は三角形に分けて考えると，三角形の
    内角の和 1 つ分だけ大きくなる。

  (2) $180(n－2)＝1440$ を解くと，$n＝10$

  (3) 1 つの外角は，$180°－156°＝24°$

  外角の和は 360° だから，$360°÷24°＝15$

  (4) $180(n－2)＝360＋900$ を解くと，$n＝9$

❸ (1) あたえられている条件を図に表すと，

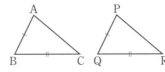

  あと 1 つつけ加えて成り立つ合同条件は，2 つある。

  (2) あたえられている条件を図に表すと，

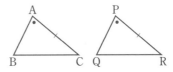

  あと 1 つつけ加えて成り立つ合同条件は，2 つある。

❹ 証明の最後の 2 行は，

    ∠ABD＝| ㋒ | ならば AB∥DC

  とみることができる。2 直線が平行になるための
  条件は，「同位角が等しい」または「錯角が等しい」
  ことだから，㋒には，∠ABD と同位角または錯角
  の関係にある角がはいる。そこで，

  △ABD≡△CDB から，∠ABD と等しくなるのは
  ∠CDB で，これは錯角の位置にある。よって，

  ㋒∠CDB，㋓錯角が等しい　となる。

❺ △ABD≡△CBD を証明することができれば，

  DA＝DC がいえる。

  辺 BD が共通で，∠ABD＝∠CBD がわかってい
  るから，❸ と同じように，あと 1 つつけ加える条
  件を調べる。考えられる合同条件は，

    ① 2 組の辺とその間の角がそれぞれ等しい。

    ② 1 組の辺とその両端の角がそれぞれ等しい。

  のどちらかである。

  ∠A＝∠C は，直接使えないが，三角形の内角の
  和が 180° であることから，∠BDA と ∠BDC は
  それぞれ，180° から等しい角の和をひいて求めら
  れるので，これが等しくなることに気がつけば，
  ②が成り立つことがわかる。

18

5章 三角形と四角形

1節 三角形

p.39-41 **Step 2**

❶ (1) 49°　　(2) 55°　　(3) 105°

　(4) 50°　　(5) 90°　　(6) 36°

解き方 (2) $\angle x = (180° - 70°) \div 2 = 55°$

(3)

$\angle a = (180° - 30°) \div 2 = 75°$

$\angle x = 180° - 75° = 105°$

(4)

$\angle x + \angle x + 40° + 40° = 180°$

$\angle x = 50°$

(6) $\angle x + 2\angle x + 2\angle x = 180°$　　$\angle x = 36°$

❷ (1) $\angle DAC = 35°$　$\angle ADB = 55°$

　(2) ① DAC　　② 二等分線

　　③ 垂直に 2 等分　　④ 90　　⑤ DO

解き方 (1) △ADC と △ABC は，3 組の辺がそれぞれ等しくなるから合同。したがって，

$\angle DAC = \angle BAC = 35°$　二等辺三角形 ABD の頂角 A は 70° となり，$\angle ABD = \angle ADB$ だから，

$\angle ADB = (180° - 70°) \div 2 = 55°$

注 (1)，(2) と同じように考えて，BD は AC を垂直に 2 等分することがいえる。したがって，ひし形の対角線は，垂直に交わり，それぞれの中点を通る。

❸ (1) △ABE と △ADF において，

　仮定から，　$\angle BAE = \angle DAF$　……①

　四角形 ABCD は正方形だから，

　　　　　　　AB = AD　　……②

　　　　$\angle ABE = \angle ADF = 90°$　……③

　①，②，③より，1 組の辺とその両端の角がそれぞれ等しいから，△ABE ≡ △ADF

　合同な図形の対応する辺の長さは等しいから，

　　　　　　　AE = AF

　2 つの辺が等しいから，△AEF は二等辺三角形である。

　(2) 90°

解き方 (2) $\angle EAC = \angle BAC - \angle BAE = 45° - \angle BAE$

$\angle FAC = \angle DAC - \angle DAF = 45° - \angle DAF$

仮定から，$\angle BAE = \angle DAF$ で，$\angle EAC$ と $\angle FAC$ は 45° から等しい角をひいて求められるので，等しいことがわかる。したがって，AC は二等辺三角形 AEF の頂角の二等分線であることがいえ，AC は底辺 EF を垂直に 2 等分することから，$\angle EGC = 90°$ となる。

❹ 仮定から，　　　$\angle EAD = \angle BAD$　……①

　平行線の錯角は等しいから，AB∥ED より，

　　　　　　　$\angle BAD = \angle EDA$　……②

　①，②より，　$\angle EAD = \angle EDA$

　よって，△ADE の 2 つの角は等しい。

　したがって，△ADE は二等辺三角形である。

解き方 AD が ∠A の二等分線であることと，AB∥ED のもとで同位角または錯角が等しいことが使える。

❺ (1) 錯角が等しければ，2 直線は平行である。

　正しい。

　(2) 4 つの辺の長さが等しい四角形は正方形である。

　正しくない。

　反例…ひし形も 4 つの辺の長さが等しい四角形である。

　(3) 偶数は 4 の倍数である。

　正しくない。

　反例… 2 は偶数だが，4 の倍数ではない。

解き方 あることがらが正しくても，その逆は正しいとは限らない。あることがらが正しくないことを示すには，正しくない例を 1 つ示せばよい。正しくない例のことを反例という。

(2)

ひし形

4 つの辺がすべて等しい四角形。

(3) 6，10 などでも反例を示すことができる。

❻ (1) ∠A＝∠P，∠C＝∠R

(2) AB＝PQ，BC＝QR

解き方 (1) 直角三角形の合同条件「斜辺と1つの鋭角がそれぞれ等しい。」にあてはめて，∠A＝∠P または ∠C＝∠R のどちらかが成り立つようにする。

(2) 直角三角形の合同条件「斜辺と他の1辺がそれぞれ等しい。」にあてはめて，AB＝PQ または BC＝QR のどちらかが成り立つようにする。

❼ ㋐ 共通　　　　　㋑ 2つの底角

㋒ 斜辺　　　　　㋓ 1つの鋭角

解き方 辺の長さが等しいことを証明するには，その辺をふくむ合同な図形に着目すればよいので，△EBC≡△DCB を考える。

別解 △ACE≡△ABD を導くことでも，EB＝DC を証明することができる。

△ACE と △ABD において，

AC＝AB，∠A は共通

∠AEC＝∠ADB＝90°

直角三角形の斜辺と1つの鋭角がそれぞれ等しいから，

△ACE≡△ABD

したがって，AE＝AD

よって，EB＝AB－AE＝AC－AD＝DC

❽ △ACE と △ADE において，

仮定から，∠ACE＝∠ADE＝90°　……①

AC＝AD　　　　……②

また，　　　　　AE は共通　　　　……③

①，②，③より，直角三角形の斜辺と他の1辺がそれぞれ等しいから，

△ACE≡△ADE

合同な図形の対応する角の大きさは等しいから，

∠CAE＝∠DAE

したがって，AE は ∠BAC を2等分する。

解き方 2つの直角三角形 △ACE と △ADE の合同を導けば，対応する角として，∠CAE＝∠DAE がいえ，AE は ∠BAC を2等分することを証明することができる。

2節 平行四辺形

p.43-45　**Step ❷**

❶ △ABE と △CDF において，

仮定から，　　∠AEB＝∠CFD＝90°　……①

四角形 ABCD は平行四辺形だから，

AB＝CD　　　　……②

平行線の錯角は等しいから，AB∥DC より，

∠BAE＝∠DCF　　　　……③

①，②，③より，直角三角形の斜辺と1つの鋭角がそれぞれ等しいから，

△ABE≡△CDF

合同な図形の対応する辺の長さは等しいから，

BE＝DF

解き方 辺の長さが等しいことを証明するには，その辺をふくむ合同な図形に着目すればよいので，△ABE≡△CDF を考える。この2つの三角形は直角三角形だから，直角三角形の合同条件が使えるかどうか考える。

別解 △BCE≡△DAF を導いても，BE＝DF を証明することができる。

❷ △MDO と △NBO において，

四角形 ABCD は平行四辺形だから，

DO＝BO　　　　……①

平行線の錯角は等しいから，AD∥BC より，

∠MDO＝∠NBO　……②

対頂角は等しいから，

∠DOM＝∠BON　……③

①，②，③より，1組の辺とその両端の角がそれぞれ等しいから，

△MDO≡△NBO

合同な図形の対応する辺の長さは等しいから，

MD＝NB

解き方 平行四辺形の対角線はそれぞれの中点で交わる性質を利用して，証明する。

▶ 本文 p.43-45

❸ ②，③，⑤

解き方 ① AB∥DC に加えて，AD∥BC または，AB＝DC であることが必要である。

② ∠A＋∠B＝180° より，AD∥BC

∠B＋∠C＝180° より，AB∥DC

2 組の対辺がそれぞれ平行だから，平行四辺形。

③ 2 組の対辺がそれぞれ等しいから，平行四辺形。

④ 対角線の長さが等しいことではなく，それぞれの中点で交わることが平行四辺形の条件である。

⑤ 対角線がそれぞれの中点で交わるから，平行四辺形。

⑥ AB と BC，CD と DA は対辺ではない。

❹ □ABCD の向かい合う辺は平行で，等しいから，

AD∥BC，AD＝BC

また，AM＝$\frac{1}{3}$AD，NC＝$\frac{1}{3}$BC だから，

AM∥NC，AM＝NC

1 組の対辺が平行で，その長さが等しいから，

四角形 ANCM は平行四辺形である。

解き方 別解 M と N を結ぶ。

△ANM と △CMN において，

NM＝MN　　AM＝CN　　∠AMN＝∠CNM（錯角）

2 組の辺とその間の角がそれぞれ等しいから，

△ANM≡△CMN

したがって，AN＝CM　　AM＝CN

2 組の対辺がそれぞれ等しいから，

四角形 ANCM は平行四辺形である。

❺ △BDM と △CEM において，

仮定から，∠BDM＝∠CEM＝90°　　……①

M は辺 BC の中点だから，BM＝CM　　……②

対頂角は等しいから，∠BMD＝∠CME ……③

①，②，③より，直角三角形の斜辺と 1 つの鋭角がそれぞれ等しいから，△BDM≡△CEM

合同な図形の対応する辺の長さは等しいから，

DM＝EM　　　　　　……④

②，④より，対角線が，それぞれの中点で交わるから，四角形 BDCE は平行四辺形である。

解き方 BC が四角形 BDCE の対角線になっていて，BC 上の M が中点なので，「対角線がそれぞれの中点で交わる」条件と結びつけることを考える。

❻ (1) ひし形　　　　(2) 長方形

(3) 長方形　　　　(4) 正方形

解き方 (1) 平行四辺形の性質より，AB＝DC，AD＝BC

仮定より，AB＝BC　　　よって，AB＝BC＝CD＝DA

4 つの辺が等しくなるから，四角形 ABCD はひし形。

(2) 平行四辺形の性質より，OA＝OC，OB＝OD

仮定より，OA＝OB　　　よって，OA＝OB＝OC＝OD

AC＝OA＋OC，BD＝OB＋OD だから，AC＝BD

対角線の長さが等しくなるから，四角形 ABCD は長方形。

(3) 平行四辺形の性質より，∠A＝∠C，∠B＝∠D

仮定より，∠A＝∠B

よって，∠A＝∠B＝∠C＝∠D

4 つの角が等しくなるから，四角形 ABCD は長方形。

(4) (1)，(3)より，4 つの角が等しく，4 つの辺が等しくなるから，四角形 ABCD は正方形。

❼ ⑦ DO　　　　　　　④ 2 組の辺とその間の角

⑨ AD　　　　　　　④ BC

解き方 ひし形の定義は，4 つの辺がすべて等しい四角形である。

❽ △BCD＝△BCE　　△ABE＝△ACD

解き方 DE∥BC で，底辺と高さがそれぞれ等しいから，△BCD＝△BCE

DE∥BC で，底辺と高さがそれぞれ等しいから，

△BDE＝△CDE　　　　……①

△ABE＝△ADE＋△BDE ……②

△ACD＝△ADE＋△CDE ……③

①，②，③より，△ABE＝△ACD

❾ (1) 頂点 Q を通り，辺 PO に平行な直線をひいて，直線 OX との交点を M とする。

(2) 右の図

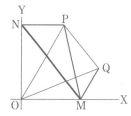

解き方 (1) QM∥PO だから，△OPM＝△OPQ

(2) △OPM に対して，頂点 P を通り，辺 MO に平行な直線をひいて，直線 OY との交点を N とする。

△ONM＝△OPM＝△OPQ

❶ (1) $x=8$　$y=150$　　(2) $x=6$　$y=70$

❷ 平行線の錯角は等しいから，AD∥BC より
$$\angle EBD=\angle ADB\quad\cdots\cdots①$$
折り返した角だから，
$$\angle ADB=\angle EDB\quad\cdots\cdots②$$
①，②より，　　$\angle EBD=\angle EDB$
2つの角が等しいから，△EBD は二等辺三角
形である。したがって，　BE＝DE

❸ ① 中点で交わる　　　　② 長さが等しい
　③ 垂直に交わる　　　　④ 長さが等しい

❹ AF∥ED，AE∥FD より，
　2組の対辺がそれぞれ平行であるから，
　四角形 AFDE は平行四辺形である。
　平行線の錯角は等しいから，AF∥ED より
$$\angle EDA=\angle FAD\quad\cdots\cdots①$$
　仮定から，$\angle FAD=\angle EAD$　$\cdots\cdots②$
　①，②より，$\angle EDA=\angle EAD$
　2つの角が等しいから，△EDA は二等辺三角
　形である。したがって，ED＝EA
　となり合う辺が等しいから，四角形 AFDE は
　ひし形である。

❺

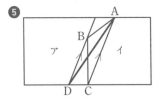

解き方

❶ (1) $\angle ABE=90°-60°=30°$　BA＝BE より，
　　$\angle BEA=(180°-30°)÷2=75°$
　　同じようにして，$\angle CED=75°$
　　$\angle AED=360°-(60°+75°×2)=150°$
　(2) EC＝6cm より，BE＝6cm　AD と BE は平行
　　で長さが等しいから，四角形 ABED は平行四辺形
　　となり，$\angle ADE=\angle ABE=70°$
　　$\angle BEA=55°$ より，
　　$\angle BAE=180°-(70°+55°)=55°$
　　$\angle BEA=\angle BAE$　2つの角が等しいから，
　　△BEA は BE＝BA の二等辺三角形である。

❷ △EBD が BE＝DE の二等辺三角形であれば，
　BE＝DE が成り立つから，このことが示せるかど
　うかを考える。BE＝DE になるためには，
　$\angle EBD=\angle EDB$ であればよい。$\angle EBD$ と $\angle EDB$
　の両方に等しい角が $\angle ADB$ であることに気づけば，
　証明の筋道は明らかになる。

❸ ①〜④はすべて平行四辺形である。したがって，
　①になるための条件がわかれば，さらに加えるべ
　き条件を考えていくようにすればよい。
　対角線がそれぞれの中点で交わる。→①
　①＋（2つの対角線の長さが等しい）→②
　①＋（2つの対角線が垂直に交わる）→③
　　　　　　　　②＋③ →④

❹ DE と DF のひき方から，四角形 AFDE が平行四
　辺形になることはすぐわかる。したがって，さら
　にどんな条件が成り立つことで，ひし形になるの
　かを考えればよい。
　ひし形になるために加えなければならない条件は，
　① 2つの対角線が垂直に交わる。
　② 4つの辺がすべて等しい。
　平行四辺形は対辺が等しいので，となり合う辺が
　等しければ，②は成り立つ。つまり，ED＝EA，
　FD＝FA のどちらかが成り立てばよい。したがっ
　て，△EDA または △FDA が二等辺三角形，つま
　り，2つの角が等しいことを示すことができれば
　よい。これは，平行線の錯角と，二等分線から示
　すことができる。

❺ 土地イの面積を変えないことだけを考える。もと
　の土地イは，直線 AC の右側の台形に，△ABC を
　加えたものである。新しい境界線になれば，土地
　イは，AC の右側の台形に △ADC を加えたものに
　なる。面積が変わらないためには，
　　　△ABC＝△ADC
　この2つの三角形の底辺を AC とみると，高さが
　等しくなければならない。AC からの高さが B と
　等しい点は，B を通り AC に平行な直線上にある。
　したがって，求める点 D は，この直線と C のある
　辺の交点になる。

6章 データの分布と確率

1節 データの分布の比較

p.49-51 **Step 2**

❶ ⑴ 最大値 170 cm　最小値 138 cm

⑵ 第 1 四分位数　143 cm

第 2 四分位数　149 cm

第 3 四分位数　156 cm

⑶ いえない。

解き方 長方形とその両端からのびる線分でデータの分布を表した図を箱ひげ図という。この図の長方形を箱，線分をひげという。

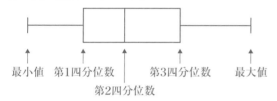

⑴ 右のひげの右端が最大値だから，最大値は 170 cm。左のひげの左端が最小値だから，最小値は 138 cm。

⑵ 第 1 四分位数は箱の左端で 143 cm，第 2 四分位数は箱の中央の線のところで 149 cm，第 3 四分位数は箱の右端で 156 cm となる。

⑶ 左のひげの部分と右のひげの部分には，どちらも約 25 % の値がふくまれているので，身長が 143 cm 以下の生徒と 156 cm 以上の生徒の数は同じくらいである。ひげの長さは散らばりの程度を表している。

❷ ⑴ ① ×　② ○

⑵ 1 組　箱の区間　　2 組　右のひげの区間

解き方 箱ひげ図の箱とひげは，それぞれ何を表しているのかを考える。

⑴① 最高得点は右のひげの右端だから，1 組の最高得点は 91 点，2 組の最高得点は 96 点。

② 2 組の中央値(第 2 四分位数)は 62 点だから，生徒の半数は 62 点以上である。

⑵ 1 組と 2 組の箱ひげ図を見ると，70 点は，1 組では箱の区間にあり，2 組では右のひげの区間にある。

❸ ⑴ 最大値　　23 個　　最小値　　0 個

⑵ 第 1 四分位数　12 個

第 2 四分位数　15.5 個

第 3 四分位数　18 個

⑶

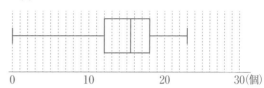

解き方 データの値を小さい順に並べて考える。

0, 0, 9, 12, 12, 14, 15, | 16, 16, 18, 18, 20, 22, 23

⑴ 最大値は 23 個，最小値は 0 個。

⑵ データの値を小さい順に並べると，小さい方の 7 個と大きい方の 7 個に分けることができる。

・中央値は $\dfrac{15+16}{2} = 15.5$(個)

・第 1 四分位数はデータの値の小さい方の中央値で，12 個。

・第 3 四分位数はデータの値の大きい方の中央値で，18 個。

⑶

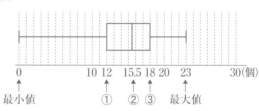

⑴と⑵で求めた最大値，最小値と四分位数(①，②，③)を使って箱ひげ図をかく。

$\left(\begin{array}{l} ①\cdots 第 1 四分位数 \\ ②\cdots 第 2 四分位数(中央値) \\ ③\cdots 第 3 四分位数 \end{array} \right)$

❹(1)最大値　　8.3 秒　最小値　　6.8 秒

(2)第 1 四分位数　7.2 秒

　　第 2 四分位数　7.8 秒

　　第 3 四分位数　8.2 秒

(3)

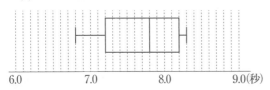

6.0　　　　7.0　　　　8.0　　　　9.0(秒)

解き方 データの値を小さい順に並べて考える。

データの値の個数が 11 個(奇数)なので，真ん中の値を除いて，その値より小さい方と大きい方に分ける。

6.8, 7.1, 7.2, 7.4, 7.6, ┊7.8,┊ 7.8, 8.0, 8.2, 8.2, 8.3

(1)最大値は 8.3 秒，最小値は 6.8 秒。

(2)真ん中の値を除いた小さい方の 5 個と，大きい方の 5 個に分けることができる。

・中央値は 7.8 秒。

・第 1 四分位数はデータの値の小さい方の中央値で，7.2 秒。

・第 3 四分位数はデータの値の大きい方の中央値で，8.2 秒。

(3)四分位数を使って箱の部分を，最大値と最小値を使ってひげの部分をかく。

❺(1)140 g　　　　　　　(2)55 g

(3)① 四分位範囲　② 範囲

解き方 (1)データの最大値と最小値の差を範囲という。

(範囲)＝(最大値)−(最小値)

箱ひげ図から，最大値は 445 g，最小値は 305 g だから，

(範囲)＝445−305＝140(g)

となる。

(2)データの第 1 四分位数と第 3 四分位数の差を四分位範囲という。

(四分位範囲)＝(第 3 四分位数)−(第 1 四分位数)

箱ひげ図から，第 1 四分位数は 320 g，第 3 四分位数は 375 g だから，

(四分位範囲)＝375−320＝55(g)

となる。

(3)箱ひげ図の箱の区間には，中央値の前後の約 25 ％ずつ，合わせて約 50 ％の値がふくまれるから，箱の幅はデータの中央付近にある約 50 ％の値の散らばりの程度を表している。箱の幅は，四分位範囲のこと。また，箱ひげ図全体の幅はデータ全体の散らばりの程度を表している。箱ひげ図全体の幅は，範囲のこと。

❻(1)1 年　第 1 四分位数　5 人

　　　　第 2 四分位数　6.5 人

　　　　第 3 四分位数　9.5 人

　　2 年　第 1 四分位数　3.5 人

　　　　第 2 四分位数　5 人

　　　　第 3 四分位数　8 人

　　3 年　第 1 四分位数　2.5 人

　　　　第 2 四分位数　4 人

　　　　第 3 四分位数　7 人

(2)いえる。

解き方 (1)箱ひげ図の箱の区間の左端の値が第 1 四分位数，右端の値が第 3 四分位数である。また，箱の内部の線分の値が第 2 四分位数(中央値)である。

(2)各学年の四分位数を比較してみると，四分位数について，学年が上がると小さくなるので，欠席者の数は，学年が上がると減る傾向にあるといえる。

2節 場合の数と確率

p.53-55 **Step 2**

❶ (1) $\dfrac{1}{2}$ (2) $\dfrac{1}{3}$ (3) $\dfrac{1}{2}$

解き方 1つのさいころの目の出方は6通りある。

(1) 奇数の目は，1，3，5の3通りだから，

求める確率は，$\dfrac{3}{6}=\dfrac{1}{2}$

(2) 3の倍数の目は，3，6の2通りだから，

求める確率は，$\dfrac{2}{6}=\dfrac{1}{3}$

(3) 素数の目は，2，3，5の3通りだから，

求める確率は，$\dfrac{3}{6}=\dfrac{1}{2}$

❷ (1) $\dfrac{1}{3}$ (2) $\dfrac{1}{3}$

解き方 じゃんけんの手の出し方は，グー，チョキ，パーの3通りある。AとBの手の出し方は樹形図をかくと下のようになり，全部で9通りある。

(1) Aが勝つのは，・をつけた3通り。

したがって，求める確率は，$\dfrac{3}{9}=\dfrac{1}{3}$

(2) あいこになるのは，△をつけた3通り。

したがって，求める確率は，$\dfrac{3}{9}=\dfrac{1}{3}$

❸ (1) $\dfrac{1}{6}$ (2) $\dfrac{1}{3}$

解き方 赤色，青色，黄色を横1列に並べるとき，樹形図は下のようになり，全部で6通りある。

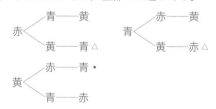

(1) 左から黄色，赤色，青色の順に並ぶのは，・をつけた1通りだから，

求める確率は，$\dfrac{1}{6}$

(2) 黄色が真ん中にくるのは，△をつけた2通りだから，求める確率は，$\dfrac{2}{6}=\dfrac{1}{3}$

❹ (1) $\dfrac{1}{6}$ (2) $\dfrac{1}{9}$

解き方 Aの目をa，Bの目をbとして，2つのさいころの目の出方を$(a,\ b)$で表す。

2つのさいころを同時に投げるときの目の出方は全部で36通りで，どれが起こることも同様に確からしい。

(1) (4, 6)，(5, 5)，(5, 6)，(6, 4)，(6, 5)，(6, 6)の6通りだから，

求める確率は，$\dfrac{6}{36}=\dfrac{1}{6}$

(2) (1, 6)，(2, 3)，(3, 2)，(6, 1)の4通りだから，

求める確率は，$\dfrac{4}{36}=\dfrac{1}{9}$

❺ (1) $\dfrac{2}{5}$ (2) $\dfrac{2}{5}$

解き方 5枚のカードを①，②，③，④，⑤とする。

1回目に①を取り出して左側におくときの，2枚のカードの並び方は右のようになる。1回目に他のカードを取り出すときも同じように考えられるから，できるすべての整数は，次の20通りになる。

$\begin{array}{c}① \diagup \begin{array}{l}②\\③\\④\\⑤\end{array}\end{array}$

12，13，14，15，21，23，24，25

31，32，34，35，41，42，43，45

51，52，53，54

(1) 30より小さい整数は，

12，13，14，15，21，23，24，25

の8通り。

したがって，求める確率は，$\dfrac{8}{20}=\dfrac{2}{5}$

(2) 3の倍数は，

12，15，21，24，42，45，51，54

の8通り。

したがって，求める確率は，$\dfrac{8}{20}=\dfrac{2}{5}$

❻(1) $\dfrac{1}{6}$ (2) $\dfrac{2}{3}$

解き方 A，Bを男子2人，C，Dを女子2人として樹形図をかくと下のようになり，全部で6通りになる。

$$
\begin{array}{lll}
\text{A} \!\!\begin{array}{l}\!\!-\text{B} \cdot\\ -\text{C} \triangle\\ -\text{D} \triangle\end{array} & \text{B}\!\!\begin{array}{l}\!\!-\text{C} \triangle\\ -\text{D} \triangle\end{array} & \text{C}\!\!-\!\!\text{D}
\end{array}
$$

(1) 2人とも男子であるのは，・をつけた1通り。

したがって，求める確率は，$\dfrac{1}{6}$

(2) 男子1人と女子1人となるのは，△をつけた4通り。

したがって，求める確率は，$\dfrac{4}{6}=\dfrac{2}{3}$

❼(1) $\dfrac{1}{3}$ (2) $\dfrac{1}{6}$ (3) $\dfrac{5}{6}$

解き方 樹形図をかくと下のようになり，全部で6通りになる。

$$
\begin{array}{lll}
1\!\!\begin{array}{l}\!\!-2\\ -3 \cdot \triangle\\ -4\end{array} & 2\!\!\begin{array}{l}\!\!-3\\ -4 \cdot\end{array} & 3\!\!-\!\!4
\end{array}
$$

(1) 和が偶数となるのは，・をつけた2通り。

したがって，求める確率は，$\dfrac{2}{6}=\dfrac{1}{3}$

(2) 積が奇数となるのは，△をつけた1通り。

したがって，求める確率は，$\dfrac{1}{6}$

(3) 積は奇数か偶数なので，(2)より，

求める確率は，$1-\dfrac{1}{6}=\dfrac{5}{6}$

❽(1) $\dfrac{1}{3}$ (2) $\dfrac{7}{9}$ (3) $\dfrac{11}{12}$

解き方 Aの目をa，Bの目をbとして，2つのさいころの目の出方を$(a,\ b)$で表す。起こりうる場合は全部で36通りある。

(1)(1, 2)，(1, 5)，(2, 1)，(2, 4)，(3, 3)，(3, 6)，(4, 2)，(4, 5)，(5, 1)，(5, 4)，(6, 3)，(6, 6)の12通り。

したがって，求める確率は，$\dfrac{12}{36}=\dfrac{1}{3}$

(2)(1, 1)，(1, 2)，(1, 3)，(1, 4)，(1, 5)，(1, 6)，(2, 1)，(2, 2)，(2, 3)，(2, 4)，(2, 5)，(2, 6)，(3, 1)，(3, 2)，(3, 3)，(3, 4)，(3, 5)，(3, 6)，(4, 1)，(4, 2)，(4, 3)，(4, 4)，(5, 1)，(5, 2)，(5, 3)，(6, 1)，(6, 2)，(6, 3)の28通り。

したがって，求める確率は，$\dfrac{28}{36}=\dfrac{7}{9}$

(3) 2つの目の数の積が3未満になるのは，(1, 1)，(1, 2)，(2, 1)の3通りだから，

その確率は，$\dfrac{3}{36}=\dfrac{1}{12}$

したがって，2つの目の数の積が3以上になる確率は，$1-\dfrac{1}{12}=\dfrac{11}{12}$

❾(1) $\dfrac{1}{5}$ (2) $\dfrac{2}{5}$ (3) $\dfrac{4}{5}$

解き方 赤球を①，②，③，白球を4，5，6とする。

2個の球の取り出し方は，右の樹形図から，全部で15通り。この中からそれぞれにあてはまる場合を数えればよい。

$$
\begin{array}{l}
①\!\!\begin{array}{l}\!\!-②\\ -③\\ -4\\ -5\\ -6\end{array}\\[1em]
②\!\!\begin{array}{l}\!\!-③\\ -4\\ -5\\ -6\end{array}\\[0.8em]
③\!\!\begin{array}{l}\!\!-4\\ -5\\ -6\end{array}\\[0.6em]
4\!\!\begin{array}{l}\!\!-5\\ -6\end{array}\\[0.3em]
5\!\!-\!\!6
\end{array}
$$

(1) 2個とも赤球であるのは，3通り。

したがって，求める確率は，$\dfrac{3}{15}=\dfrac{1}{5}$

(2) 2個が同じ色であるのは，6通り。

したがって，求める確率は，$\dfrac{6}{15}=\dfrac{2}{5}$

(3) 1個または2個が白球であるのは12通り。

したがって，求める確率は，$\dfrac{12}{15}=\dfrac{4}{5}$

別解「2個とも赤球でない」確率と考えると，1から(1)で求めた確率をひいた差だから，

$$1-\dfrac{1}{5}=\dfrac{4}{5}$$

▶ 本文 p.55

❿ (1) 20 通り　　　　　　(2) $\dfrac{1}{10}$

解き方 (1) あたりくじを①，②，はずれくじを③，
④，⑤で表すと，樹形図は下のようになり，全部で
20 通りある。

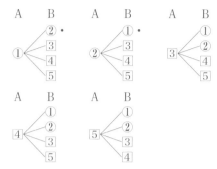

(2) (1)の樹形図で2人ともあたるのは，・をつけた2
通り。
したがって，求める確率は，$\dfrac{2}{20}=\dfrac{1}{10}$

⓫ (1) $\dfrac{3}{10}$　　　(2) $\dfrac{3}{5}$　　　(3) $\dfrac{4}{25}$

解き方 赤球を①，②，③とし，青球を4，5とする。
(1) 同時に2個の球を取り出す方法は，(①，②)，
(①，③)，(①，4)，(①，5)，(②，③)，(②，4)，
(②，5)，(③，4)，(③，5)，(4，5)の10通り。
2個とも赤球であるのは，3通り。

したがって，求める確率は，$\dfrac{3}{10}$

(2) 1個ずつ続けて球を取り出す方法は，(①，②)，
(①，③)，(①，4)，(①，5)，(②，①)，(②，③)，
(②，4)，(②，5)，(③，①)，(③，②)，(③，4)，
(③，5)，(4，①)，(4，②)，(4，③)，(4，5)，
(5，①)，(5，②)，(5，③)，(5，4)の20通り。
2個の色がちがうのは，12通り。

したがって，求める確率は，$\dfrac{12}{20}=\dfrac{3}{5}$

(3) 1個の球を取り出して袋にもどす場合は，
(①，①)，(①，②)，(①，③)，(①，4)，(①，5)，
(②，①)，(②，②)，(②，③)，(②，4)，(②，5)，
(③，①)，(③，②)，(③，③)，(③，4)，(③，5)，
(4，①)，(4，②)，(4，③)，(4，4)，(4，5)，
(5，①)，(5，②)，(5，③)，(5，4)，(5，5)
の25通り。2個とも青球であるのは，4通り。

したがって，求める確率は，$\dfrac{4}{25}$

p.56 **Step 3**

❶ (1) $a=6$　$b=13$　　　　(2) ③

❷ (1) $\dfrac{1}{8}$　　　　(2) $\dfrac{3}{8}$　　　　(3) $\dfrac{7}{8}$

❸ (1) $\dfrac{2}{5}$　　　　(2) $\dfrac{3}{5}$

解き方

❶ (1) 箱ひげ図から，第1四分位数は7点，第3四分位数は13点だから，

$$\frac{a+8}{2}=7,\ a=6\qquad \frac{13+b}{2}=13,\ b=13$$

(2) 18人の得点のデータを小さい順に並べると次のようになる。

3, 4, 4, 6, 8, 8, 9, 9, 9, 10, 12, 12, 13, 13, 16, 17, 18, 20（点）

	前	後
最大値	20点	20点
最小値	3点	3点
第1四分位数	7点	8点
中央値	9.5点	9.5点
第3四分位数	13点	13点

❷ 表が出たときを○，裏が出たときを×とすると，3枚の硬貨の表と裏の出方は，（○○○），（○○×），（○×○），（○××），（×○○），（×○×），（××○），（×××）の8通り。

(1) 3枚とも表が出るのは，1通り。

　　したがって，求める確率は，$\dfrac{1}{8}$

(2) 2枚だけ表が出るのは，3通り。

　　したがって，求める確率は，$\dfrac{3}{8}$

(3) 1枚または2枚または3枚が表であるのは，7通り。

　　したがって，求める確率は，$\dfrac{7}{8}$

別解「3枚とも表にならない」確率と考えると，3枚とも裏になる確率は $\dfrac{1}{8}$ だから，$1-\dfrac{1}{8}=\dfrac{7}{8}$ としてもよい。

❸ 5人をA，B，C，D，Eとする。2人を選ぶ方法は，(A, B), (A, C), (A, D), (A, E), (B, C), (B, D), (B, E), (C, D), (C, E), (D, E) の10通り。

(1) Cが選ばれるのは4通り。

　　したがって，求める確率は，$\dfrac{4}{10}=\dfrac{2}{5}$

(2) A〜Dを女子，Eを男子と考えると，女子2人が選ばれるのは6通り。

　　したがって，求める確率は，$\dfrac{6}{10}=\dfrac{3}{5}$

テスト前 ☑ やることチェック表

① まずはテストの目標をたてよう。頑張ったら達成できそうなちょっと上のレベルを目指そう。
② 次にやることを書こう（「ズバリ英語〇ページ，数学〇ページ」など）。
③ やり終えたら□に✓を入れよう。
　　最初に完ぺきな計画をたてる必要はなく，まずは数日分の計画をつくって，
　　その後追加・修正していっても良いね。

目標

	日付	やること1	やること2
2週間前	／	☐	☐
	／	☐	☐
	／	☐	☐
	／	☐	☐
	／	☐	☐
	／	☐	☐
	／	☐	☐
1週間前	／	☐	☐
	／	☐	☐
	／	☐	☐
	／	☐	☐
	／	☐	☐
	／	☐	☐
	／	☐	☐
テスト期間	／	☐	☐
	／	☐	☐
	／	☐	☐
	／	☐	☐
	／	☐	☐

テスト前 ☑ やることチェック表

① まずはテストの目標をたてよう。頑張ったら達成できそうなちょっと上のレベルを目指そう。
② 次にやることを書こう（「ズバリ英語○ページ，数学○ページ」など）。
③ やり終えたら□に✔を入れよう。
　最初に完ぺきな計画をたてる必要はなく，まずは数日分の計画をつくって，
　その後追加・修正していっても良いね。

目標

	日付	やること1	やること2
2週間前	／	☐	☐
	／	☐	☐
	／	☐	☐
	／	☐	☐
	／	☐	☐
	／	☐	☐
	／	☐	☐
1週間前	／	☐	☐
	／	☐	☐
	／	☐	☐
	／	☐	☐
	／	☐	☐
	／	☐	☐
	／	☐	☐
テスト期間	／	☐	☐
	／	☐	☐
	／	☐	☐
	／	☐	☐
	／	☐	☐

キリトリ線

数学2年 日本文教版

ズバリ よくでる → 直前

チェック BOOK

- テストに**ズバリよくでる**!
- **用語・公式や例題**を掲載!

数学

日本文教版

2年

赤 シートで
何度でも!

教 p.12〜21

1 単項式と多項式

□数や文字についての乗法だけでできている式を 単項式 といいます。

□2つ以上の単項式の和の形で表される式を 多項式 といいます。

2 重要 多項式の加法と減法

□同類項は，分配法則 $ma+na=$ $(m+n)a$ を使って，1つの項にまとめることができる。

|例|
$$2a+3b+3a-2b=2a+3a+3b-2b$$
$$=(2a+3a)+(3b-2b)$$
$$=(2+\boxed{3})a+(3-\boxed{2})b$$
$$=\boxed{5a+b}$$

3 多項式の計算

□かっこがある式は，分配法則 $m(a+b)=$ $ma+mb$ を使って計算します。

4 単項式の乗法と除法

□単項式どうしの乗法は，係数どうしの積と 文字どうしの積 をかけ合わせます。

|例|
$$2x\times(-5y)=2\times\boxed{(-5)}\times x\times y$$
$$=\boxed{-10xy}$$

□3つの式の乗除では，

$$A\div B\times C=\boxed{\dfrac{A\times C}{B}}, \quad A\div B\div C=\boxed{\dfrac{A}{B\times C}}$$

を使って計算します。

1 連続する整数

□連続する3つの整数のうち，最も小さい数を n とすると，連続する3つの整数は，n，$\boxed{n+1}$，$\boxed{n+2}$ と表せます。

2 偶数と奇数

□m を整数とすると，偶数は $\boxed{2m}$ と表されます。

□n を整数とすると，奇数は $\boxed{2n+1}$ と表されます。

3 2けたの自然数

□2けたの自然数は，十の位の数を x，一の位の数を y とすると，$\boxed{10x+y}$ と表されます。

4 重要 等式の変形

□$x+y=6$ を $x=6-y$ のような，x を求める式に変形することを，$\boxed{x \text{ について解く}}$ といいます。

|例| $2x=3y+4$ を x について解くと，

両辺を $\boxed{2}$ でわって，$x=\boxed{\dfrac{3}{2}y+2}\ \left(\dfrac{3y+4}{2}\right)$

また，$2x=3y+4$ を y について解くと，

両辺を入れかえて，$3y+4=2x$

$\boxed{4}$ を移項して，$3y=2x-\boxed{4}$

両辺を $\boxed{3}$ でわって，$y=\boxed{\dfrac{2x-4}{3}}$

1 連立方程式の解き方

□ x, y についての連立方程式から y をふくまない方程式を導くことを，y を 消去する といいます。

2 重要 加減法

□ 連立方程式を解くとき，1つの文字の係数の絶対値をそろえてから，左辺どうし，右辺どうしをたすかひくかして，その文字を消去して解く方法を 加減法 といいます。

$$
\begin{array}{r}
A=B \\
+)\ \ C=D \\
\hline
A+C=\boxed{B+D}
\end{array}
\qquad
\begin{array}{r}
A=B \\
-)\ \ C=D \\
\hline
A-C=\boxed{B-D}
\end{array}
$$

例 $\begin{cases} 5x+y=7 & \cdots\cdots① \\ 3x-y=1 & \cdots\cdots② \end{cases}$

①と②の左辺どうし，右辺どうしをそれぞれたすと，

$$
\begin{array}{r}
5x+y=7 \\
+)\ \ 3x-y=1 \\
\hline
8x\ \ \ \ \ =\boxed{8} \\
x=\boxed{1}
\end{array}
$$

この値を，①に代入すると，

$$
\begin{aligned}
5+y&=7 \\
y&=\boxed{2}
\end{aligned}
\qquad
\begin{cases} x=\boxed{1} \\ y=\boxed{2} \end{cases}
$$

3 代入法

□ 連立方程式を解くとき，代入によって1つの文字を消去して解く方法を 代入法 といいます。

1 かっこがある連立方程式の解き方

□かっこがある式を, かっこ をはずしたり 移項 したりして, 整理します。

2 重要 係数が整数でない連立方程式の解き方

□係数に分数をふくむ連立方程式は, 先にすべての係数を整数にしてから計算します。

$$|例| \begin{cases} y = -x - 1 & \cdots\cdots① \\ \dfrac{x}{2} + \dfrac{y}{3} = -1 & \cdots\cdots② \end{cases}$$

$$②× \boxed{6} \quad \left(\dfrac{x}{2} + \dfrac{y}{3}\right) × \boxed{6} = (-1) × \boxed{6}$$

$$3x + 2y = -6 \quad \cdots\cdots②'$$

①を②' に代入すると,

$$3x + 2(\boxed{-x-1}) = -6$$

$$3x - 2x - 2 = -6$$

$$x = \boxed{-4}$$

$x = \boxed{-4}$ を①に代入すると, $y = \boxed{3}$ $\begin{cases} x = \boxed{-4} \\ y = \boxed{3} \end{cases}$

3 A=B=C の形の方程式の解き方

□$A = B = C$ の形の方程式では, 次の3通りの連立方程式を考えることができます。

$$\begin{cases} A = B \\ \boxed{A = C} \end{cases} \qquad \begin{cases} \boxed{A = B} \\ B = C \end{cases} \qquad \begin{cases} A = C \\ B = C \end{cases}$$

教 p.62〜66

1 1次関数

□ y が x の関数で，y が x の1次式で表されるとき，y は x の

$\boxed{1\text{次関数}}$ であるといいます。

2 重要 1次関数の変化の割合

□ 変化の割合 $= \dfrac{\boxed{y \text{ の増加量}}}{\boxed{x \text{ の増加量}}}$

□ 1次関数 $y = ax + b$（a，b は定数）の変化の割合は一定で，

x の係数 $\boxed{a}$ に等しい。

変化の割合 $= \dfrac{\boxed{y \text{ の増加量}}}{\boxed{x \text{ の増加量}}} = \boxed{a}$

|例| 1次関数 $y = 2x + 3$ の変化の割合は，つねに $\boxed{2}$ です。

□ 1次関数 $y = ax + b$ の変化の割合 a は，x の増加量が1のときの y

の増加量が $\boxed{a}$ であることを表しています。

|例| 1次関数 $y = 2x + 3$ で，

x の増加量が1のときの y の増加量は $\boxed{2}$

x の増加量が3のときの y の増加量は $\boxed{6}$

□ 1次関数 $y = ax + b$ で，

$a > 0$ のとき，x の値が増加すると，y の値は $\boxed{\text{増加}}$ する。

$a < 0$ のとき，x の値が増加すると，y の値は $\boxed{\text{減少}}$ する。

3 反比例の関係の変化の割合

□ 反比例では，変化の割合は $\boxed{\text{一定ではない}}$ です。

1 **重要** 1次関数のグラフ

□ 1次関数 $y=ax+b$ のグラフは，$y=\boxed{ax}$ のグラフを，y 軸の正の方向に b だけ平行移動した直線である。

□ 1次関数 $y=ax+b$ のグラフは，傾きが $\boxed{a}$，切片が $\boxed{b}$ の直線である。

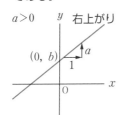

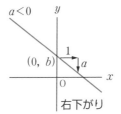

□ 1次関数 $y=ax+b$ の変化の割合 $\boxed{a}$ は，そのグラフである直線 $y=ax+b$ の $\boxed{傾き}$ になっています。

2 1次関数のグラフのかき方

□ 1次関数 $y=ax+b$ のグラフは，$\boxed{切片\ b}$ で y 軸との交点を決め，その点を通る傾き $\boxed{a}$ の直線をひいてかくことができます。

|例| $y=\dfrac{3}{2}x-1$ のグラフ

切片は $\boxed{-1}$，傾きは $\boxed{\dfrac{3}{2}}$

　　　　　　　↑
　　右へ2進むと，
　　上へ $\boxed{3}$ 進む。

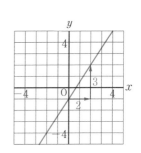

3章 1次関数

1 重要 1次関数の式の求め方

□ 1次関数のグラフから，傾きa と 切片b を読み取ることができれば，その1次関数の式 $y=ax+b$ を求めることができます。

□ 1組の x，y の値と変化の割合から1次関数の式を求める方法

→$y=ax+b$ に 変化の割合a と x座標，y座標 の値を代入して，b の値を求める。

□ 2組の x，y の値から1次関数の式を求める方法

→❶ 2点の座標から，傾きa を求め，$y=ax+b$ に求めた a と1点の座標の値を代入して，b の値を求める。

→❷ $y=ax+b$ に2点の座標の値を代入して，a と b についての 連立方程式 をつくり，a と b の値を求める。

2 2元1次方程式のグラフ

□ 2元1次方程式 $ax+by=c$ のグラフは 直線 である。

特に，$y=k$ のグラフは，点 $(0,\ k)$ を通り，x軸 に平行な直線である。

また，$x=h$ のグラフは，点 $(h,\ 0)$ を通り，y軸 に平行な直線である。

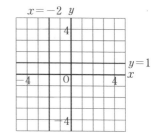

3 連立方程式の解とグラフ

□ x，y についての連立方程式の解は，それぞれの方程式のグラフの 交点 の x座標，y座標の組である。

1 対頂角の性質

□対頂角は 等しい 。

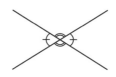

2 重要 平行線の性質

□ 2 つの直線に 1 つの直線が交わるとき，

❶ 2 つの直線が平行なとき，

同位角 は等しい。

❷ 2 つの直線が平行なとき，

錯角 は等しい。

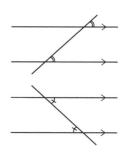

3 平行線になる条件

□ 2 つの直線に 1 つの直線が交わるとき，

❶ 同位角 が等しいとき，

2 つの直線は平行である。

❷ 錯角 が等しいとき，

2 つの直線は平行である。

|例| 右の図で， 錯角 が等しいから，

$\ell \parallel m$

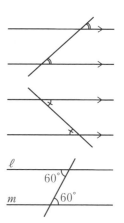

教 p.104〜111

1 重要 三角形の内角と外角の性質

□❶ 三角形の内角の和は 180 °である。

□❷ 三角形の外角は，それととなり合わない
2つの内角の和 に等しい。

2 三角形の分類

□ 0°より大きく 90°より小さい角を 鋭角 ，90°より大きく 180°より小さい角を 鈍角 といいます。

□ 3つの内角がすべて鋭角である三角形を
鋭角 三角形といいます。

□ 1つの内角が直角である三角形を
直角 三角形といいます。

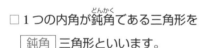

□ 1つの内角が鈍角である三角形を
鈍角 三角形といいます。

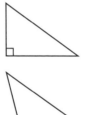

3 多角形の内角の和

□ n 角形の内角の和は $180° \times (n-2)$ である。

4 多角形の外角の和

□多角形の外角の和は 360 °である。

1 合同な図形の性質

□❶　合同な図形では，対応する 線分の長さ は等しい。

□❷　合同な図形では，対応する 角の大きさ は等しい。

2 重要 三角形の合同条件

□ 2 つの三角形は，次のおのおのの場合に，合同である。

❶　3組の辺 がそれぞれ等しい。

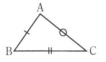

$AB = A'B'$

$BC = B'C'$

$CA = C'A'$

❷　2組の辺 と その間の角 がそれぞれ等しい。

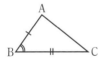 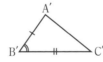

$AB = A'B'$

$BC = B'C'$

$\angle B = \angle B'$

❸　1組の辺 と その両端の角 がそれぞれ等しい。

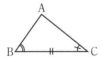 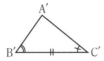

$BC = B'C'$

$\angle B = \angle B'$

$\angle C = \angle C'$

3 仮定，結論と証明

□「(ア)ならば，(イ)である」と表したとき，(ア)の部分を 仮定 ，(イ)の部分を 結論 といいます。

|例|「$a = b$ ならば，$a + c = b + c$ である」ということがらの
仮定は $a = b$ ，結論は $a + c = b + c$

11

教 p.134～144

1 二等辺三角形

□（定義） 2辺 が等しい三角形

□二等辺三角形の2つの 底角 は等しい。

□二等辺三角形の頂角の二等分線は，

　 底辺 を垂直に2等分する。

2 正三角形

□（定義） 3辺 が等しい三角形

□正三角形の3つの 角 は等しい。

3 2つの角が等しい三角形

□2つの角が等しい三角形は， 二等辺三角形 である。

4 重要 直角三角形の合同条件

□2つの直角三角形は，次のおのおのの場合に，合同である。

❶ 斜辺と 1つの鋭角 がそれぞれ等しい。

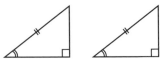

❷ 斜辺と 他の1辺 がそれぞれ等しい。

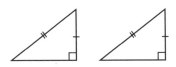

教 p.146〜150

1 平行四辺形の定義

□ 2 組の対辺が，それぞれ 平行 で
ある四角形

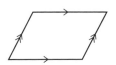

2 平行四辺形の性質

□❶ 平行四辺形の 2 組の 対辺 は，
それぞれ等しい。

□❷ 平行四辺形の 2 組の 対角 は，
それぞれ等しい。

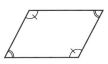

□❸ 平行四辺形の対角線は，それぞ
れの 中点 で交わる。

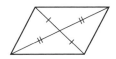

3 **重要** 平行四辺形になる条件

□四角形は，次の条件のうちどれか 1 つが成り立てば，平行四辺形で
ある。

❶ 2 組の 対辺 がそれぞれ平行である。（定義）

❷ 2 組の 対辺 がそれぞれ等しい。

❸ 2 組の 対角 がそれぞれ等しい。

❹ 対角線がそれぞれの 中点 で交わる。

❺ 1 組の対辺が 平行 で，その長さが 等しい 。

|例| 四角形 ABCD が，AB∥CD，AB＝2 cm，CD＝2 cm のとき，上
の条件の ❺ から四角形 ABCD は平行四辺形であるといえる。

13

1 長方形，ひし形，正方形の定義

- □❶ 4つの角がすべて等しい四角形を，│長方形│という。

- □❷ 4つの辺がすべて等しい四角形を，│ひし形│という。

- □❸ 4つの角がすべて等しく，4つの辺がすべて等しい四角形を，│正方形│という。

2 重要 四角形の対角線の性質

- □❶ 長方形の対角線は，│長さが等しい│。

- □❷ ひし形の対角線は，│垂直に交わる│。

- □❸ 正方形の対角線は，│長さが等しく，垂直に交わる│。

3 平行四辺形，長方形，ひし形，正方形の関係

□

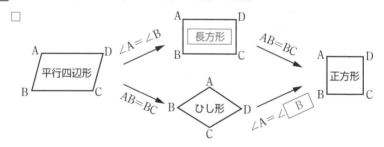

4 底辺が共通な三角形

□△ABC と △A′BC において，次のことが成り立つ。

AA′∥BC ならば △ABC＝△│A′BC│

1 四分位数

□データの値を小さい順に並べて，値の個数が等しくなるように4つ
に分けたときの，3つの区切りの位置の値を 四分位数 といい，
小さい順に 第1四分位数 ， 第2四分位数 ， 第3四分位数 と
いいます。

2 重要 箱ひげ図

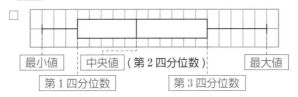

| 最小値 | 中央値（第2四分位数） | 最大値 |

| 第1四分位数 | 第3四分位数 |

3 四分位範囲

□四分位範囲＝ 第3四分位数 − 第1四分位数

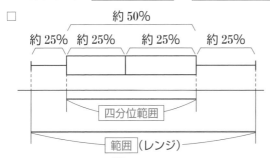

約50%

約25% 約25% 約25% 約25%

四分位範囲

範囲 （レンジ）

□データの中にかけ離れた値があると， 範囲 は影響を受けますが，
四分位範囲 は影響をほとんど受けません。

教 p.176〜179

1 重要 確率の求め方

□起こりうる場合が全部で n 通りあって，どの場合が起こることも
同様に確からしいとする。

その n 通りのうち，ことがら A の起こる場合が a 通りあるとき，

ことがら A の起こる確率　$p = \boxed{\dfrac{a}{n}}$

□必ず起こることがらの確率は $\boxed{1}$ である。

□決して起こらないことがらの確率は $\boxed{0}$ である。

□あることがらが起こる確率を p とすると，p のとりうる値の範囲は
$\boxed{0} \leqq p \leqq \boxed{1}$ となる。

|例| 赤玉2個，黄玉3個がはいっている箱から玉を1個取り出すとき，

玉の取り出し方は，全部で $\boxed{5}$ 通りだから，

・赤玉が出る確率は，$\boxed{\dfrac{2}{5}}$

・色のついた玉が出る確率は，$\boxed{\dfrac{5}{5}} = \boxed{1}$

・白玉が出る確率は，$\boxed{\dfrac{0}{5}} = \boxed{0}$

2 あることがらの起こらない確率

□一般に，ことがら A の起こる確率を p とすると，

A の起こらない確率 $= \boxed{1-p}$

|例| くじ引きで，あたりを引く確率を p とするとき，はずれを引く
確率は，$\boxed{1-p}$